谢忠清　王翠丽　著

中国农业科学技术出版社

图书在版编目（CIP）数据

甜叶菊栽培技术／谢忠清，王翠丽著．--北京：中国农业科学技术出版社，2023.9
　　ISBN 978-7-5116-6415-0

　　Ⅰ.①甜…　Ⅱ.①谢…②王…　Ⅲ.①甜叶菊-栽培技术
Ⅳ.①S566.9

中国国家版本馆 CIP 数据核字（2023）第 163785 号

责任编辑　于建慧
责任校对　贾若妍　李向荣
责任印制　姜义伟　王思文

出　版　者　中国农业科学技术出版社
　　　　　　　北京市中关村南大街 12 号　　邮编：100081
电　　　话　（010）82109708（编辑室）　　（010）82109702（发行部）
　　　　　　　（010）82109709（读者服务部）
网　　　址　https://castp.caas.cn
经　销　者　各地新华书店
印　刷　者　北京中科印刷有限公司
开　　　本　148 mm×210 mm　1/32
印　　　张　6.25
字　　　数　220 千字
版　　　次　2023 年 9 月第 1 版　2023 年 9 月第 1 次印刷
定　　　价　50.00 元

前　言

甜叶菊 *Stevia rebaudiana*（Bertoni）Bertoni 属菊科 Asteraceae 甜叶菊属 *Stevia* 宿根多年生草本植物，又名蜜菊、甜菊、甜茶、甜草等，原产于南美洲巴拉圭东北部地区，具有较高的食用价值和药用价值，在世界范围内已得到广泛栽培与应用。

甜菊糖苷是从甜叶菊叶片中提取的一种高甜度、低热能的甜味剂，又名甜菊糖、甜叶菊糖，主要用于肥胖病、糖尿病、高血压病、心脏病、龋齿等疾病的辅助治疗。甜菊糖苷是目前世界已发现并经我国卫生部、轻工业部批准使用的最接近蔗糖口味的天然低热值甜味剂，其甜度是蔗糖的 150～450 倍，而热值却为蔗糖的 1/300 左右，是继甘蔗、甜菜糖后第 3 种有开发价值和健康推崇的天然蔗糖替代品，被国际上誉为"世界第三糖源"。甜菊糖苷作为一种功能性糖类，被广泛地应用到食品、饮料、制药、日化等行业中，具有非常广阔的应用前景。

我国从 20 世纪 70 年代开始引种种植，至今已有 50 多年种植历史，是世界上甜叶菊最大的生产国和出口国。随着甜叶菊的种植向西北地区转移，甘肃省河西地区于 2000 年开始引进种植甜叶菊，截至 2015 年，甜叶菊种植面积已达 1 万 hm^2，平均产量 5 250 kg/hm^2 以上，最高产量达 7 800 kg/hm^2。甘肃省河西地区属典型的大陆性干旱气候，日照时间长，光热资源充足，昼夜温差大，降水稀少，空气湿度小，土壤肥沃，为甜叶菊糖分的积累提供有利的自然环境，是我国最适宜种植甜叶菊的区域，使得甘肃省河西地区甜叶菊种植面积不断增多。据 2006 年中国科学院植物研究所检测，甘肃河西地区种植的 YS004 品种甜菊糖总苷含量高达

179 g/kg，远远高于国内平均值（150 g/kg），具有非常高的经济价值。然而，随着甜叶菊种植面积的不断扩大，甜叶菊田间栽培管理出现了许多问题，例如种子杂乱、种苗短缺、水肥施用不合理、栽培技术落后、缺乏机械化设备等，严重制约着甜叶菊产业的健康、快速发展。因此，为了甜叶菊产业的可持续发展，需要对甜叶菊的高效栽培与利用进行深入研究。

著者及课题组成员根据我国甜叶菊发展现状及存在的问题，以甜叶菊品种引育、杂交制种、机械化直播、水肥一体化高效栽培技术及实践应用为主要目标进行研究。本书总结了著者及课题组成员近十几年来在甜叶菊栽培技术方面进行的调查研究、技术推广培训服务、课题研究的成果，希望为今后甜叶菊栽培进一步深入研究提供新的理论支撑，为甜叶菊生产管理提供技术支持，同时，也为甜叶菊的相关科研、推广、生产管理等工作者提供帮助和参考。希望本书的出版能推动我国甜叶菊高效栽培技术水平的提高，促进我国甜叶菊产业的健康快速发展。

全书共分十一章，其中，第一至第六章由谢忠清撰写，共计13万余字，第七至第十一章由王翠丽撰写，共计9万余字。鉴于水平所限，书中难免有不足之处，敬请科技工作者以及广大读者批评指正。

著　者

二〇二三年七月

目　　录

第一章　概　述 …………………………………………… 1

　一、甜叶菊的起源和传播 ………………………………… 1

　二、甜叶菊的食用价值 …………………………………… 5

　三、甜叶菊的饲用价值 …………………………………… 13

　四、甜叶菊的经济价值 …………………………………… 15

第二章　甜叶菊的植物学特征 …………………………… 18

　一、根 ……………………………………………………… 18

　二、茎 ……………………………………………………… 19

　三、叶 ……………………………………………………… 22

　四、花 ……………………………………………………… 23

　五、种子 …………………………………………………… 25

第三章　甜叶菊的生物学特性 …………………………… 30

　一、主要生育期及其特性 ………………………………… 31

　二、环境因素及其影响 …………………………………… 34

第四章　甜叶菊的育苗技术 ……………………………… 43

　一、种子育苗技术 ………………………………………… 43

　二、扦插育苗技术 ………………………………………… 63

第五章　甜叶菊栽培技术 ………………………………… 71

　一、耕作与轮作 …………………………………………… 71

　二、施肥 …………………………………………………… 75

　三、灌溉 …………………………………………………… 92

　四、合理密植 ……………………………………………… 97

　五、移栽与田间管理 …………………………………… 104

六、免耕栽培 ……………………………… 114

第六章　甜叶菊病虫草害及其防治 ……………… 115

一、主要病害及其防治 ………………………… 115

二、主要虫害及其防治 ………………………… 127

三、主要草害及其防治 ………………………… 133

第七章　甜叶菊的采收与收藏 …………………… 140

一、采收 ………………………………………… 140

二、干燥、脱叶 ………………………………… 144

三、包装贮藏 …………………………………… 147

第八章　甜叶菊的抗性研究 ……………………… 148

一、干旱胁迫 …………………………………… 148

二、盐碱胁迫 …………………………………… 148

三、植物生长调节剂研究 ……………………… 151

第九章　甜叶菊的品种选育 ……………………… 153

一、品种的重要性 ……………………………… 153

二、品种的发展过程 …………………………… 154

三、河西地区甜叶菊短日照处理杂交制种技术 ……… 159

第十章　甜叶菊未来发展和应用前景 …………… 168

参考文献 ……………………………………… 170

附件1　甜叶菊新品种田间试验记录 …………… 176

附件2　甜叶菊性状观测 ………………………… 184

第一章

概　述

一、甜叶菊的起源和传播

1. 甜叶菊的起源

菊科 Asteraceae 甜叶菊属 *Stevia* 宿根多年生草本植物，种名为甜叶菊 *Steuia rebaudiana*（Bertoni）Bertoni，又名甜草、甜茶。甜叶菊原产地在巴拉圭东北部与巴西国境相接的阿曼拜山脉中，该地地处 22°~24°S，55°~56°W，山脉多起伏，气候局部变化显著。在巴西巴拉那州的伊瓜图附近，阿根廷、巴西、巴拉圭的国境附近，曾发现了野生甜叶菊，但由于商业开发，环境破坏，已找不到野生甜叶菊品种。

植物分类学上最初记载甜叶菊的是伯托尼，1887 年，他在巴拉圭东部、东北部、北部先后发现甜叶菊并描述它为带甜味的植物，可做饮料；1888 年，将其定名为 Stevia（斯台维亚），是兰草属的一个新种；1889 年，伯托尼根据化学分析发现其含有甜味物质，把它定名为 *Eupatorium rebaudiana* Bertoni；1905 年，伯托尼通过对甜叶菊各方面研究记录，将其正式定名为 *Stevia rebaudiana*（Bertoni）Bertoni。

甜叶菊的分类是由西班牙植物学家和医学家佩德罗·贾米耶·斯特韦斯建立的。1899 年，瑞士植物学家莫伊西斯·圣地亚哥·

贝尔托尼在巴拉圭东部进行了研究，详细描述甜叶菊的植物学特征；1931 年，两位法国化学家将干燥的叶子从甜叶菊中分离出来，找到了甜叶菊糖苷，证实甜叶菊糖苷引起了甜叶菊的味道；1955 年正式发表了甜叶菊糖苷配基的准确结构（又称苷元）。

2. 甜叶菊的传播

甜叶菊在南美洲地区种植已有 1 500 多年，巴西和巴拉圭将甜叶菊作为甜茶和医药已有千百年的历史。16 世纪中期，西班牙人征服南美洲，瓜拉尼族人移入南美洲时，将甜叶菊当作糖料使用。第二次世界大战时甜叶菊作为糖料植物，引起国际广泛的重视。1941 年，英国就讨论过计划在英国南部利用温室栽培甜叶菊，但是没有具体文献记载，未见试种的生产计划及结果。1964—1968 年，两位美国移民在英国开始栽培甜叶菊，并计划将甜叶菊原料引入美国进行栽培，但是由于当时栽培过程中管理不当，没有收获到甜叶菊种子。1954—1973 年，日本人住田哲前往巴西的巴拉州哈林市国立北部农场考察，他预言该植物在日本能广泛种植，是有引进价值的植物资源，于是 1970—1975 年先后两次从巴西引入甜叶菊种子，在温室和田间进行试种并且获得成功，收获到甜叶菊种子。1973 年，由日本农省研究单位主持，在日本全国布点试验。1974 年，有 45 个单位联合成立了协作试验网，1975 年，日本农林省试验场开始了育种工作。目前，日本对甜叶菊研究工作已经取得很大成效，除明确了甜叶菊是一种新的糖料资源外，在栽培育种、工业提取、食品加工、医药等方面进行了深入研究。用甜叶菊提取的甜叶菊糖苷，在食品、饮料、餐桌佐料、酱菜等方面应用产品达100 多种。

1973 年，韩国开始引种栽培，1976 年，大量引入甜叶菊种子进行种植，1980 年，创造了每公顷生产甜叶菊干叶 9 000 kg 的新纪录。为了交流经验，搞好协作，韩国各地栽培者及科研工作者组成了规模庞大的协作组织"韩国甜叶菊栽培协会"。

20世纪80年代，泰国、菲律宾、印度尼西亚、马来西亚、新几内亚、斯里兰卡、罗马尼亚、阿富汗、加拿大、法国、德国、瑞士、保加利亚等国先后引种，试种成功。中国于1975年由广交会引入少量甜叶菊种子，因是展品未能发芽，1977年，又从日本引入少量种子试种，1978年，几家科研单位分别从日本引入种子、种苗进行繁殖推广，很快传到全国许多地区，北京、河北、陕西、江苏、安徽、福建、湖南、云南等地均有引种栽培。1989年，成立了"全国甜叶菊协会"。

甜叶菊喜欢生长在温暖湿润的环境中，对光的敏感度很高。甘肃河西地区具有得天独厚的生态条件，适宜甜叶菊生长和糖分的积累，2000年开始引进种植，河西地区种植的YS004品种的甜菊糖总苷含量高达179 g/kg，远远高于国内平均值（约150 g/kg），经济价值较高，是我国最适宜的种植区域，目前，已成为我国甜叶菊最大的种植基地。

甜叶菊作为一种新型糖料作物，得到世界各地种植业生产人员的广泛重视，在世界各国逐步扩大传播，甜叶菊的研究与生产事业正方兴未艾，它将以自身的价值和作用被迅速扩大开发利用。

3. 甜叶菊产品安全性争议及各国或地区立法通过时间

（1）甜叶菊产品安全性争议　各国将甜叶菊提取物作为饮食添加剂在每个国家的认可度不同，其法律公认力度各国也不同。在日本，甜叶菊的使用时间已经很久，而有些国家，因为从健康角度出发和政见不同，意见不同，其使用受到限制，甚至完全禁止。20世纪早期，美国禁止使用甜叶菊提取物，仅在2008年将提取的特殊糖苷准许使用。1991年，美国FDA在收到匿名投诉后，开始对甜叶菊产品进行检测，称甜叶菊提取物为"不安全食品添加剂"，并限制其进口。FDA解释的原因是甜叶菊的毒物学信息不足以证明其安全性。自从1991年禁止进口后，甜叶菊的营销者和消费者都认为FDA会面临工业压力，亚利桑那州议员Jon Kyl声称

FDA 反对甜叶菊的行为是"限制其贸易对甜味剂工业发展有利"，为了保护原告，FDA 依据《信息自由法》删除了原投诉者的名字。1999—2011 年，早期的研究令欧洲委员会禁止欧盟在食品中使用甜叶菊。2006 年，世界健康组织发布了未有不利影响的安全评价，2008 年以来，俄罗斯联邦准许甜菊糖在"最小剂量要求"上作为食品添加剂使用。2011 年，欧盟才准许甜叶菊作为食品添加剂使用。2008 年 12 月，FDA 做出无异议准许一般认为安全的 Truvia（由嘉吉公司和可口可乐公司开发）和 PureVia（百事可乐公司和全球甜味剂公司开发），二者均为源自甜叶菊植株的瑞鲍迪苷 A，然而，FDA 却说这些产品不是甜叶菊，而是高度纯化的产品。2012 年，FDA 在网站发布了原料甜叶菊的信息，FDA 不允许使用整叶甜叶菊或原料甜叶菊提取，因为这些物质未被准许作为食品添加剂。

（2）甜叶菊的安全性　2009 年，对甜菊糖苷的相关物质研究结果表明，甜菊糖苷对提高人类抗病性没有效果；2011 年研究发现，甜叶菊作为甜味剂可有效替代糖，作为糖类替代品提供给糖尿病患者食用，而且甜叶菊的甜味剂属于一种非热量添加物。大量研究结果显示，甜叶菊中的甜菊醇和 RA 含量在剂量和用途上对人体没有不良作用。根据长期的研究，世界卫生组织（WHO）的食品添加剂联合专家委员会批准了甜菊糖苷可接受的日常摄入量（ADI）为每千克体重 4 mg，2010 年，欧洲食品安全局制定了每千克体重每天 4 mg 甜菊糖苷的日常摄入量。甜菊糖苷被越来越广泛地应用，其安全性也得到了国际社会的广泛认可，对甜菊糖苷的需求在数量和质量上都在不断提高，甜叶菊行业仍有很大的发展空间。

（3）甜叶菊产品的合法性　1970 年，日本已经开始广泛使用甜叶菊产品。1984 年，中国也允许使用甜叶菊各类产品，但是，不了解当时的监督管理情况。1985 年，我国卫生部已批准甜菊糖苷可以作为食品添加剂，广泛使用在饮料、糕点和糖果中，而且根据当时的需求量，适量生产使用。1986 年，巴西公开发布甜菊糖苷作为食品添加剂使用。1995 年，美国准许甜叶菊叶片和提取物作为饮食补充。2005 年，新加坡准许甜菊糖苷在特定的食品上使用，此前甜菊糖苷在新加坡是被禁止使用的。2008 年 12 月，美国准许纯净的瑞鲍迪苷 A 作为食品添加剂/甜味剂，准许以各种品牌出售，并列入一般认为安全（Generally Recognized as Safe, GRAS）的甜味剂。受美国的影响，同年，智利、阿根廷、哥伦比亚、巴拉圭、韩国、秘鲁、马来西亚、菲律宾、沙特阿拉伯、泰国、阿拉伯联合酋长国、土耳其、乌拉圭、越南等国家和地区也准许甜叶菊的使用。2008 年前，澳大利亚与新西兰允许甜叶菊叶片可以做食物出售，2008 年正式批准了所有的甜菊糖苷提取物的使用。2008 年，俄罗斯联邦在"最小剂量要求"上准许作为食品添加剂使用。2009 年，墨西哥准许混合甜菊糖苷提取物（非分离提取）使用。2010 年 1 月，以色列批准甜菊糖苷作为食品添加剂使用。2011 年 11 月 11 日，欧盟委员会批准和规定了甜菊糖苷作为食品添加剂使用。2012 年，印度尼西亚批准甜菊糖苷作为食品添加剂使用，甜叶菊叶可作为膳食补充。2012 年 6 月，挪威批准甜菊糖苷作为食品添加剂（E960）使用，到 2012 年 9 月批准了甜叶菊的使用。2012 年 11 月 30 日，加拿大准许甜菊糖苷作为食品添加剂，甜叶菊叶和提取物作为饮食补充。

二、甜叶菊的食用价值

菊科草本植物甜叶菊的叶子中精提得到的甜菊糖苷又称甜菊糖，是一种天然糖苷。原产于南美洲巴拉圭和巴西的原始森林的甜叶菊，1977 年引入我国开始种植，种植面积迅速扩大，截至目前，我国已跻身全球甜叶菊种植、甜菊糖苷加工生产大国。甜菊糖苷是一类由甜菊醇（steviol）四环二萜化合物连接不同数目的配糖体（glycoside）组成的糖苷混合物，该类成分基本骨架有 4 种类型

（图1-1）。目前，研究发现的有13种，具体为甜菊苷（Setvioside，简称Setv或STV）、瑞鲍迪苷A（Rebaudioside A，简称RebA或RA）、瑞鲍迪苷B（Rebaudioside B，简称RebB或RB）、瑞鲍迪苷C（Rebaudioside C，简称RebC或RC）、瑞鲍迪苷D（Rebaudioside D，简称RebD或RD）、瑞鲍迪苷E（Rebaudioside E，简称RebE或RE）、瑞鲍迪苷F（Rebaudioside F，简称RebF或RF）、瑞鲍迪苷M（Rebaudioside M，简称RebM或RM）、瑞鲍迪苷N（Rebaudioside N，简称RebN或RN）、瑞鲍迪苷O（Rebaudioside O，简称RebO或RO）、杜克苷A（Dulcoside A，简称DulA或DA）、甜茶苷（Rubusoside，简称Rub或RU）、甜菊双糖苷（Steviolbioside，简称Sbio或SB），这13种甜菊糖苷的总和称为总甜菊糖苷（Total Steviol glycosides，TSG），被人们认可并且做过医学毒理试验的有9种。其中，最主要的是甜菊苷STV、瑞鲍迪苷A和瑞鲍迪苷C，3种组分的含量约占总甜菊糖苷含量的95%。甜菊糖苷的甜度和口感取决于各组分和含量，基于目前对甜菊糖苷组分含量和作用的认识，将总甜菊糖苷（TSG）、RA、RC、STV、RD、RM含量作为甜叶菊叶片品质的主要指标。STV苷的甜度为蔗糖的250~300倍，稍带苦味，是影响甜菊糖苷口感的主要原因，日本市场需求STV苷较高。研究表明，STV苷具有降低Ⅱ型糖尿病血糖浓度和控制高血压的作用，并且STV苷还具有很好的抗癌活性，可以开发成为新一代天然抗癌制剂，因此，选育高STV含量的药用型甜叶菊良种将会是甜叶菊育种工作的重要新方向和新的突破点。甜叶菊中RA苷的甜度为蔗糖350~450倍，且味质好，其口感与蔗糖的最相近，同时，甜叶菊原料中RA苷含量较高，但其生产成本却比较低，欧美市场对RA苷含量的甜菊糖产品需求量很大，高含量RA苷的甜叶菊原料越来越受欧美消费者的喜爱。为适应市场需求对甜叶菊品种的要求，我国及世界各地区对高RA苷含量甜叶菊新品种的种植面积逐渐增大，亟须大力开展高RA苷含量的甜叶菊新品种选育工作。

甜菊糖为白色结晶或粉末，易溶于水和甲醇，稳定性好，受pH值和微生物发酵的影响较小。2011年，欧盟委员会允许将甜菊糖用作食品添加剂，表明甜菊糖已被广泛认可。据海关统计，我国是世界上甜菊糖苷的主要生产和出口国家，我国甜菊糖苷每年的出口数量占全球甜菊糖苷市场的80%以上。甜菊糖苷是一种对人体无副作用的天然产物，在医药行业大量使用，对肥胖病、糖尿病、心脏病、高血压病、龋齿等都有一定的辅助治疗作用。

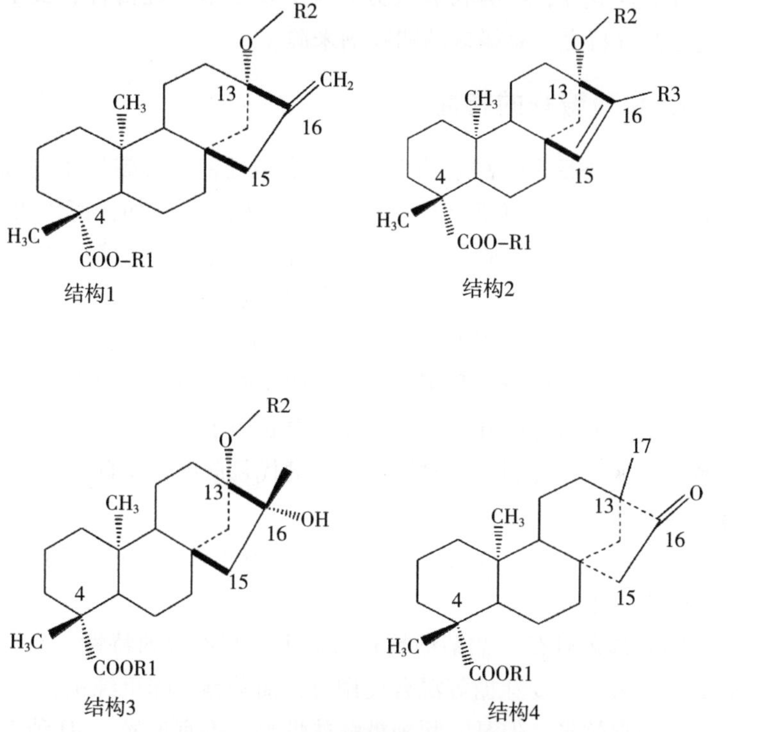

图1-1 4种甜菊糖苷的基本结构

甜菊糖苷属于非营养型天然甜味剂，甜度是蔗糖的150～450倍，摄入后不会引起血糖升高，同时具有低热量、非酵解、热稳定性好等优点，甜菊糖苷是继甘蔗、甜菜糖后第3种有开发价值和健康推崇的天然蔗糖替代品，被国际上誉为"世界第三糖源"。随着人们生活品质的提高，对健康的关注程度越来越高，为了防治高血糖、肥胖等，人们开始减少含糖量高的食品摄入，而甜菊糖作为一种功能性糖类，热量低，无糖分含量，被广泛地应用到食品工业中，具有非常广阔的应用和发展前景。

甜叶菊干叶中除含有甜菊糖苷外，还含有 30 多种营养成分、14 种微量元素，包括大量蛋白质、纤维素、脂肪、灰分和无氮浸出物等非糖成分，具有营养成分齐全、功效多，经济性、安全性、稳定性高等特点，是极好的甜味剂来源。

1. 甜菊糖苷的特性

（1）安全性高　甜叶菊中至今未发现任何含毒副作用的成分。大量研究表明，甜菊糖苷不会在人体内沉积，不参加任何代谢。科学家曾用大量动物实验发现甜菊糖苷不具有急性、短期遗传毒性，并且在南美洲、日本、韩国等国已食用甜菊糖苷很久。

（2）低热值　甜菊糖进入人体后会被胃和小肠吸收，经过肠道中的微生物将被吸收利用，发酵生成短链脂肪酸，而人体消化道中的酶不能被甜菊糖苷所分解。甜菊糖苷属于低热量物质，在制作冰激淋、蛋糕和乳制品的时候用甜菊糖代替蔗糖，使食物口感美味但不会增加体重。

（3）吸湿性小　甜菊糖为白色结晶或粉末，纯度达到 80% 以上，吸湿性不大。

（4）溶解性强　甜菊糖具有易溶于水和乙醇的特性，与蔗糖、葡萄糖、果糖、麦芽糖等混合使用时，甜菊糖苷味更纯正，且甜度可得到相乘效果。但是，甜菊糖耐热性差，不宜见光，pH 值 3 ~ 10 时十分稳定，易存放。

（5）稳定性好　甜菊糖苷溶液的稳定性好，在一般饮料食品的 pH 范围内进行加热处理不易分解，室温下储存 5 个月都仍很稳定。在酸碱类介质中不分解，在含有蔗糖的有机酸溶液中存放半年不会发生变化；在酸性条件下和室温条件下，存放 180 d 基本上不发生分解，也没有沉淀的产生；可降低黏稠度，抑制细菌生长和延长产品保质期。甜菊糖苷不属于发酵性物质，不易霉变，性质稳定，以致加到食品中使用不会发生变化，制成品加热后也不会出现褐变现象，同时，在长途储运中也便于存放。

（6）甜味口感优良　甜菊糖苷作为甜味剂，其后味长，口感清新，对酸碱较为稳定，甜菊糖苷甜味纯正，清凉绵长，味感近似白糖，甜度却为蔗糖的 150～300 倍。与各类甜味剂联合使用有改善口感、增效的作用。提取的纯瑞鲍迪苷 A 的甜度为蔗糖的 450倍，味感更佳。甜菊糖苷的溶解温度与甜度的关系很大，一般低温溶解甜度高，高温溶解后味感好但甜度低，与柠檬酸、酒石酸、乳酸、苹果酸、氨基酸等混合使用时，对甜菊糖苷的后味有消杀作用，故与上述物质混合使用可起到矫味作用，提高甜菊糖苷甜味质量。

（7）抗氧化性　甜叶菊废渣中还含有丰富的黄酮类、酚酸类、挥发油、萜类等活性物质。现代研究表明，黄酮类和酚酸类化合物具有抗菌、抗炎、抗氧化、抗衰老、抗肌瘤、降血糖、降血脂和保肝等活性。研究证实，甜叶菊废渣提取物中富含酚酸类和黄酮类物质，具有明显的抗氧化和抗炎作用，在延缓衰老、防治自由基引起的疾病和辅助治疗炎症性疾病等方面具有积极作用。综合利用甜叶菊废渣，开发其中的酚酸类和黄酮类成分具有广阔的市场前景和可观的经济效益。

甜叶菊废渣中的黄酮类及酚酸类物质还具有抗氧化、降血脂、抑菌、抗衰老等功能。甜叶菊提取物具有良好的抗氧化作用，通过体外实验证实，甜叶菊醇和水提取物具有自由基清除能力和铁离子还原能力。甜叶菊废渣提取物富含绿原酸类和黄酮类化合物，含有8 种主要成分分别为绿原酸、隐绿原酸、咖啡酸、槲皮苷和槲皮素、异绿原酸 A、异绿原酸 B、异绿原酸 C，其中，异绿原酸 C 最高（126.7±1.27 mg/g），含咖啡酸（97.2±0.36 mg/g）和绿原酸

（46.5±0.29 mg/g）。甜叶菊废渣提取物具有较强的抗氧化能力，其中，咖啡酸对甜叶菊废渣提取物抗氧化活性贡献最大，除8种主要成分外，甜叶菊废渣提取物中还存在其他抗氧化活性物质。实验发现甜叶菊叶片水提物浓度为100 μg/mL时，DPPH的清除率达到64.26%；另有研究发现，甜菊叶水提液对DPPH的清除率最大可达到88.78%。

（8）成本低 甜菊糖苷甜味高，其甜度是蔗糖的300倍，则在使用时用量就会降低，可节省60%~70%的成本。

2. 甜菊糖苷的作用

甜菊糖苷甜度高、热量低、口感清新、对人体无副作用，被广泛应用于食品饮料等行业。1985年6月，我国卫生部批准将甜菊糖苷用作食品添加剂；1990年，卫生部扩大其适用范围，批准将其用作医药用甜味剂辅料；1987年，制定了《食品安全国家标准 食品添加剂 甜菊糖苷》（GB 8270—1987），后经1999年、2014年、2022年3次修订。迄今为止，甜菊糖苷已被广泛应用于饮料、蜜饯、果脯、糕点、乳制品、降血压或减肥等功能性食品以及卷烟行业中。甜菊糖苷虽然甜度高，但后味却带有苦涩和甘草的余味，原因可能是其提取过程中苦味杂质的残留或其基本结构和糖配基等的影响，然而，将甜菊糖苷与柠檬酸、苹果酸、乳酸以及氨基酸等混合使用时，可消除甜菊糖苷后味的影响，有利于提高甜菊糖苷的口感。此外，将甜菊糖苷与其他甜味剂进行复配，制成复合甜味剂，例如赤藓糖醇和甜菊糖苷的天然复配，不仅增强了其保健功能，而且降低了赤藓糖醇的成本，掩盖甜菊糖苷的不良口感；将甜菊糖苷用于果脯、糕点制作，不仅大大降低了成本，还降低了热量，满足了日常低糖摄入人群的需求；将甜菊糖苷用于乳制品的生产，不仅能改善乳制品的口感，还可作为双歧杆菌生长的促进剂，促进人体内双歧杆菌和乳酸杆菌的增殖，抑制大肠杆菌等的生长；用甜菊糖苷替代30%~50%的蔗糖加工水产品，能防止水产制品中蛋白质变质或因酸败反应而引起褐变、发霉现象，将甜菊糖苷用于酱油等调味品中，不仅能防止其褐变反应，还能抑制其咸度。

（1）甜菊糖苷在饮料中的应用 甜菊糖苷的甜度很高，用于清凉饮料、冷饮中替代 15%～35% 的蔗糖，既符合国家标准要求，又不会降低产品质量。同时，还可以改善饮料口感，使之既具有清凉爽口的甜味，又改变了砂糖浓厚的甜腻感，实现了饮料的低糖化。生产同一品种果味汽水用甜菊糖的比全用蔗糖的可降低成本 20%～30%。这种低糖饮料适合于肥胖症和糖尿病患者饮用，符合饮料发展方向。

（2）甜菊糖苷在果酒中的应用 甜菊糖苷理化性质稳定，不易成为微生物营养来源，可延长产品保质期。甜菊糖苷喜酸，用于果酒中可提高果酒的风味，酸甜可口，改变了果酒黏稠感。用于刺梨、沙棘、葡萄等果酒中，代替 30% 蔗糖，其口感较佳。添加适量于白酒中，可消除其中的辣味，提高产品质量。用于啤酒中，一则可提高产品风味，二则起到增泡作用，使啤酒泡沫丰富、洁白持久。

（3）甜菊糖苷在蜜饯、果脯、罐头中的应用 蜜饯、果脯、果糕、凉果等产品含糖量一般在 70% 左右，随着现代人群中肥胖、糖尿病的高发，一些人不愿接受含糖量过高的食品。降低上述产品含糖量，使之实现低糖、低热值，对扩大市场，满足人们需求意义重大。

由于甜菊糖苷具有高甜、低热值特点，用甜菊糖苷替代 20%～30% 的蔗糖加工蜜饯、果脯等产品是可行的。试验亦证明，利用甜菊糖苷替代 25% 蔗糖加工果脯、凉果等，不但产品质量没下降、风味没受影响，反而受到更多消费者青睐。

甜菊糖苷替代 20%～30% 的蔗糖生产的水果罐头，除保持原有风味外，糖水清澈，味道清凉纯正，减少了高糖带来的甜腻感，用于肉类、鱼类罐头，明显延长了保质期。

（4）甜菊糖苷在糕点中的应用 甜菊糖苷甜度高，所以用量少，添加到糕点、饼干、面包类食品中可开发出营养、保健等适合儿童老年人尤其是患有糖尿病高血压病人的食品。这类食品适合于儿童的原因是它可以保护儿童的牙齿，即具有预防龋齿的作用。

（5）甜菊糖苷在调味品中的应用　甜菊糖苷代替蔗糖添加在酱油和醋等调味品中，可以延长产品的保质期，提高产品风味。可用于腌制咸菜，其味纯正可口，可引发食欲，缩短腌制时间，提高产品合格率，防脱水，而且甜菊糖苷代替蔗糖可以弥补单独使用蔗糖的一些缺陷，防止褐变反应，不会引起发酵性酸败。甜菊糖苷在用于加工含盐量较高的腌制品时还能抑制其咸味过高。用于香肠、火腿、腊肉等食品中，也有同样效果，代替比例一般40%~50%。

（6）甜菊糖苷在乳制品中的应用　人类肠道中的双歧杆菌有维持肠道微生态，增强宿主的免疫力，合成维生素，抑制肿瘤细胞生长，减少肠道内有害物质的产生与积累等多种生理功能。研究表明，甜菊糖苷可促进人体内双歧杆菌和乳酸杆菌的增殖而抑制病原菌（如大肠杆菌和沙门氏菌）的生长。因而可向乳制品中添加合适的甜菊糖苷，生产出功能性的乳制品。

（7）甜菊糖苷在水产品中的应用　用甜菊糖苷替代30%~50%的蔗糖加工海味食品、鱼糜制品、海带制品等，效果较好。由于甜菊糖苷不具有发酵性，而具有调解湿润性，因而能防止水产制品中蛋白质变质或因酸败反应而引起褐变、发霉现象。

甜菊糖苷与山梨酸复合使用能产生较佳效果，既可改善水产品风味，又可降低产品成本。在海带制品中使用甜菊糖苷，既能解决配制海带发黏现象，还可避免因用糖过多使海带肉质变硬、食用时易损坏牙齿等。使用甜菊糖苷替代部分蔗糖，有利于避免鱼糜制品因用糖过多引起的烤焦、松散等现象。

（8）甜菊糖苷在日化产品中的应用　甜菊糖苷大量应用在牙膏、化妆品中，作为添加剂。在牙膏中既可适当增加甜味，又可降低有害细菌增殖，不仅使龋齿发生率降低，带有甜味的牙膏在儿童使用时也可享受糖带来的甜蜜。

（9）甜菊糖苷在医药方面的应用　在 1992 年已批准甜菊糖苷可在医药方面上应用，例如消渴润喉片、橘味 VC、止咳糖浆、小儿复方新诺明等。甜菊糖苷用在儿童药物的居多，主要根据儿童对甜味的依赖性较大，而将其作为甜味剂用在医药中可以降低儿童对医药的抗拒，并且没有任何副作用。

三、甜叶菊的饲用价值

甜叶菊叶残渣属于工业废料，据中国农业科学院分析检测中心测定，甜叶菊含水分 10.81%、粗蛋白 22.28%、粗纤维 16.87%、粗脂肪 4.06%、粗灰分 15.11%、无氮浸出物 31.37%、维生素 B_1 1.35 mg/kg、维生素 B_2 8.69 mg/kg、维生素 C 8.69 mg/kg，营养含量极其高。

甜叶菊是一种很好的饲料原料，将其进一步加工成饲料饲喂牲畜，可用来治疗畜禽食欲不振、乏力、生长缓慢、不发情、下痢和呼吸道不畅等疾病，同时，也可以提高奶牛的奶质和肉质等。甜叶菊作为奶牛、奶羊的饲料可以增加奶的甜度，提高奶质量和奶中微量元素、氨基酸等物质，对产奶量有促进作用。甜叶菊加工成为家禽饲料，能够提高禽类的消化功能，从而提高产蛋量。

有研究表明，将甜叶菊茎秆在 45～60℃ 活化水中提取并浓缩制备成家畜健康饮料和家畜的乳房洗剂，或将干燥的甜叶菊茎、叶粉碎，用矿泉水煮沸、浓缩和发酵后，让家畜直接饮食，对治疗家畜乳腺炎、卵巢机能减退、慢性支气管炎、肺炎、肝功能障碍、肝炎、食欲不振、便秘、胃肠炎、应激引起的疾病等均有良好的疗效。将甜菊叶残渣以 5% 比例添加到禽类饲料，能起到预防禽类腹泻等作用，调节禽类消化功能，并能提高产蛋率。甜叶菊做饲料添加剂还可增进家畜、赛马和宠物的食欲、治疗它们的慢性疾病，促进发育不良仔猪及肉用仔鸡的生长等。

甜叶菊渣经微生物发酵后能够有效提高蛋白含量，降低粗纤维含量，并产生一些消化酶类和维生素类物质，不仅对提高甜叶菊渣的综合利用效率、减轻环境污染具有重要意义，而且对于生产微生物饲料具有广阔的前景。

甜叶菊残渣在农业生产中的应用范围很广，甜叶菊残渣可提取微晶纤维素，并做饲料、肥料及食用菌的培养基等。经测定分析，甜叶菊残渣中不仅有机质含量极高，还含有一定量的钙和镁等矿物质，可作为有机肥料改良培肥土壤。实际生产中，将经过腐熟的甜叶菊残渣与基础基质按一定配比混合后可配制成适合香瓜、西瓜、柑橘、番茄等果蔬育苗所需要的基质。添加腐熟的甜叶菊残渣的育苗土不仅能促进果蔬幼苗快速生长发育，增加幼苗干鲜物质重，还可促进蔬菜、水果早熟，增加其甜度，是一种很好的育苗基质。

随着食用菌种植面积的增加，将大量的甜叶菊残渣添加到栽培食用菌菌类培养料中，既可满足食用菌对养分的需要，又可满足食用菌对各种微量元素、维生素及透气性的要求，大大促进了食用菌发菌快、发菌早、菌质好、产量高。例如用含甜叶菊残渣的土栽培的金针菇，略带甜味，风味独特；栽培的银耳，长得既白又大，口感又好。据分析，甜叶菊叶渣还含有许多有用成分，例如蛋白质、鞣酸、淀粉、叶绿素等，如能全面研究综合利用，定会开发出更新产品。总之，甜叶菊全身是宝，只要深入开发应用，其利用价值将会不断提高，对人类的贡献也将越来越大。我国开发甜叶菊生产利国利民，对发展国民经济有重要意义。

四、甜叶菊的经济价值

1. 解决食糖不足的问题

我国虽然种植很多糖料作物，但仍然是一个缺糖的国家。随着人们生活水平的不断提高，越来越多的行业都需要糖料。我国虽然在食糖生产量方面已经有很大幅度的提升，但仍赶不上人们的消费需求，因此我国每年需要花费大量外汇进口食糖。数据显示，1981—1989 年，我国平均年进口食糖为 182.47×10^4t，外汇 6.08 亿美元。尽管如此，我国人均食糖年消费量最高水平也仅为 6.66 kg，与经济发达国家相比，远远落后（人均消费量为 40~60 kg），我国食糖的消费水平只有发达国家的 1/10~1/6。为补充糖源，许多食品用糖精和甜蜜素代替，由于在食品应用中多超出国家限量，对人体健康十分不利。糖精在一些国家早被禁用，现在我国也开始重视这一问题，不断降低用量标准，逐步压缩其在食品中的应用范围。扩大糖料作物种植面积和提高单产来解决食糖不足，短时间内还有一定困难。因此，必须立足国内开发新糖源，争取食糖自给，取代合成糖源。甜叶菊正具备这种优势，它高甜度、低热能、适应性广、较易栽培，到 1992 年全国已种植 3.3 万 hm^2，形成年加工糖苷千吨以上的生产能力，可代替蔗糖 20×10^4t，节省外汇 600 万~800 万美元。因此，发展甜叶菊生产，可争取食糖自给，取代糖精等合成甜味剂，减少外汇支出。

2. 是理想的低热天然糖源

随着人民生活水平的提高，尤其是广大农民生活水平的提高，我国食糖需要量迅速上升。另外，城市人民生活水平提高后，在饮食结构上，从温饱型逐渐向保健型发展。因此，更多地要求食用低热糖源。甜叶菊正属于天然无毒的低热糖源，故开发甜叶菊糖苷的生产具有现实意义。

3. 促进农民增收致富，企业节本增效

自 1977 年我国引种甜叶菊试种成功以来，全国各地开始种植甜叶菊。大量试验表明，甜叶菊的适应性非常广泛，南至海南，北至黑龙江，东至山东，西至西藏都可种植。根据各地种植发现，甜叶菊产量 3 000~4 500 kg/hm^2，最高可达 7 500 kg/hm^2。每千克干叶按 10 元人民币计算，每公顷收入可达 30 000~45 000 元，比一般作物产值高出 3~5 倍。因此，甜叶菊种植也成为种植者致富的途径之一。

甜叶菊工业提取中，每生产 1 kg 甜菊糖苷需 120~150 元成本，市场销售价为 140~200 元，所以每千克可获利 20~50 元。将甜菊糖苷应用于食品、医药等行业上，比单用蔗糖成本低，并且获利更高。例如吉林省 1986—1990 年应用 74 t 甜菊糖苷，按甜度替代蔗糖约 1.4 万 t，使企业降低成本 2 000 多万元，增加了企业经济效益。甜叶菊的应用使一些企业扭亏为盈。

4. 增加出口创汇

据报道，日本每年需要几千吨甜叶菊干叶，其国内仅能少量生产，大批原料靠进口。另外许多欧洲、美洲国家也对甜叶菊糖苷发生兴趣，所以，国际市场需求量很大，我国仅 1991—1992 年就向日本等国出售干叶 4 000 多吨、出口的甜叶菊糖苷数百吨，换取了大量外汇。

5. 减少粮糖争地

甜叶菊的生产可以减少粮糖争地的现象。按甜叶菊糖苷甜度换算，种 1 hm^2 甜叶菊产 3 000~45 000 kg 干叶，合糖苷以 10% 计算，1 hm^2 地可产糖苷 300~4 500 kg，相当于 4 万~6.6 万 kg 蔗糖。也

就是说 1 hm² 甜叶菊产糖量相当于 8 hm² 甘蔗、20 hm² 甜菜。全国每年种 2 万 hm² 甜叶菊就可省地 15 万~25 万 hm²。因此，发展甜叶菊生产在解决食糖不足、开发新糖源、增加收入、换取外汇、富国富民等方面都具有重要意义。

第二章

甜叶菊的植物学特征

一、根

1. 形态特征

甜叶菊根为四原型和五原型，不同根部位原生木质部束数不同，基部较多，尖端较少。甜叶菊的根有初生根和次生根之分：初生根由主根、侧根组成，根细小，根毛少，功能弱；次生根由肉质根和细根组成，肉质根垂直向下。浅根系，根系分布深度为 20~40 cm，宽度为 28~36 cm，抗旱能力弱。甜叶菊单株的肉质根，根梢肥大，一般有 50~60 条，

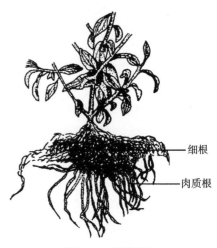

细根

肉质根

图 2-1　根的形态

在肉质根上生长出很多细根，甜叶菊整个根系呈须根状（图 2-1），二年生根翌年能萌发几个至数十个茎，可进行分株繁殖。

2. 生理机能

根是甜叶菊的主要吸收器官，甜叶菊所需要的水分和养料绝大部分是由须根从土壤中吸收。甜叶菊根的吸收机能主要靠根尖部分进行，吸收水分主要通过根毛区，而吸收矿物质元素则主要通过根毛区前端呼吸较强的部分。根毛的存在使吸收面积扩大了许多倍，但根毛的寿命很短，一般只经过几天到几个星期便枯死，而由前面的新生根毛来代替。要使甜叶菊具有强盛的吸收机能，保持根系强壮生长是十分重要的。因此，在栽培管理上，必须创造一个适宜甜叶菊根系生长的土壤条件，移栽时尽量不伤须根，使甜叶菊根系能迅速发展。甜叶菊根系吸收机能也受环境条件的影响，对土壤通气性非常敏感，田间土壤长期积水常引起甜叶菊茎叶萎蔫，叶片发黄，严重时植株死亡，其原因是土壤中缺氧，二氧化碳聚积，根的代谢作用受到破坏，加上土壤中厌氧性微生物的活动增强，产生某些有毒物质使根系受毒害，因此，在雨季田间一定要及时排水。土壤干旱，也同样影响根系吸收养分，因为一般养分需先溶解于水中，才能被根系吸收，土壤干旱，根系不但不能吸收养分，还很快发生萎蔫或死亡。土壤温度对甜叶菊根系吸收机能也有很大影响。甜叶菊是喜温作物，若土温降低到0℃以下，土壤水分适宜，也会引起甜叶菊萎蔫，吸收机能受到严重影响。因此，在低温条件下，要及时提高地温，保证甜叶菊健壮生长。

二、茎

1. 形态特征

甜叶菊的茎为直立型，株高1~1.3 m。基部梢木质化，上部柔嫩，密生短茸毛，一年生一般为单杆型，二年生或多年生为多茎丛生型（图2-2）。幼茎柔嫩，随着茎的伸长和加粗，其组织逐渐木质化。茎中部呈半木质化，基部木质化，但茎的顶部仍是幼嫩的。茎基部木质化极容易折断，所以，甜叶菊属于木质化不发达的草本植物。甜叶菊茎为绿色，圆形，密生茸毛，中实质脆。

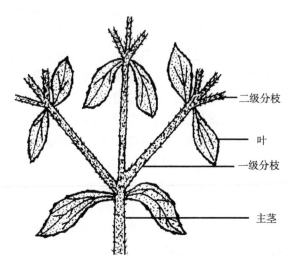

二级分枝

叶

一级分枝

主茎

图2-2 茎的形态

甜叶菊各腋芽形成分枝，在适宜的条件下一级分枝的叶腋处又可形成二级分枝，分枝的着生与叶的着生相同，一般对生。分枝出现早晚随节位高低而不同，一般是中部分枝出现早，下部分枝出现晚。由于分枝数量及分枝长短不同，形成了甜叶菊的不同株形（图2-3），主要有宽纺锤形、纺锤形、倒纺锤形、长圆柱形、不定形等，以纺锤形的植株叶片产量最高。

（1）**宽纺锤形** 分枝的伸长与主茎呈锐角，向下位的叶片增大，从地面部位分出来的分枝不发达。

（2）**纺锤形** 分枝向上伸长与主茎呈锐角，越下位的分枝越长，整个植株呈纺锤形。

（3）**倒纺锤形** 分枝的伸长方向朝上，与主茎呈锐角，分枝

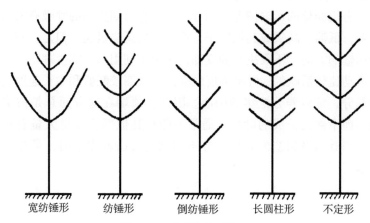

宽纺锤形　纺锤形　倒纺锤形　长圆柱形　不定形

图2-3　甜叶菊株型模式

有的呈互生状态。

（4）长圆柱形　分枝方向朝上，与主茎呈锐角，分枝极短，分枝有时互生。

（5）不定形　分枝伸长方向朝上，与主茎呈锐角，生长点常有枯死现象，整个株型不定。

2. 生理机能

甜叶菊茎枝的功能之一是输送水分和养料，这主要是通过输导组织进行的。一般来说，由根部吸收的水分和矿物质主要经由木质部的导管输送，由叶片制造的有机养分，则由韧皮部的筛管运送到顶部嫩叶、生长点或花果中，同时也向下运送至根部。由于导管是中空的死细胞，因此，水分和矿物质养分在茎运输速度和方向主要决定于其他部位的吸水力和呼吸强度。已知甜叶菊上部嫩叶的生长势较强，呼吸较旺盛，而且亲水胶体与细胞渗透值也较高，通常水分和矿物质养分总是优先运送到顶端去，下部叶片得到的水分与养分较少，尤其是在水肥不足的情况下下部叶片首先受影响。干旱与缺肥时，下部的叶片首先枯黄。

有机养分的运输情况与水分不同，它与韧皮部的呼吸有密切的关系，低温、缺氧或其他因子，都会影响运输机能。但是，有机养分运输的方向，不取决于韧皮部，而决于利用部分的生理状态。生命活动比较活跃的、呼吸强度较强的、代谢较旺盛和生长速度较快的部分，常是养分汇集的中心。因此，顶端在这方面总是占优势的，而下部已长成的叶片，通常不能从其他部位获得大量有机养分，当其本身制造的有机养分不能满足自己的需要时，最后只能枯落。

三、叶

1. 形态特征

甜叶菊不同部位叶分为 3 种，即子叶、真叶和苞叶。真叶对生，个别互生，由叶柄、叶片组成。叶柄短，扁圆形，基部扩展成托叶状。叶缘中上部有粗齿，叶尖钝，叶基楔形渐窄。叶脉为三出脉。叶脉上有红色小腺点，叶片正反面均有茸毛，茸毛由表皮毛和腺毛构成。叶色浅绿或浓绿，叶长 4~11 cm，宽 0.7~4 cm。苞片（每个头状花序 5 枚）披针形，密生茸毛。甜叶菊叶片形态分为椭圆形、倒卵形、宽柳叶形、广披针形、长菱形、披针形、菱形等 7 类（图 2-4）。

2. 生理机能

叶是进行光合作用和蒸腾作用最重要的同化器官。光合作用是绿色自养植物制造有机物质的一种过程。蒸腾作用是植株根部吸水的主要动力，还可以降低叶片温度，使叶子在强烈的阳光下，不致因受热而灼伤。甜叶菊的主要吸收器官是根，叶片也有一定的吸收

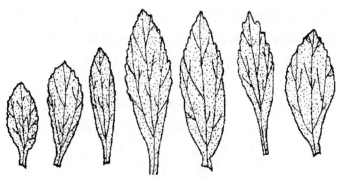

椭圆形　倒卵形　宽柳叶形　广披针形　长菱形　披针形　菱形

图2-4　甜叶菊叶型分类

能力，因其角质层很薄，气孔较多，有利于吸收。甜叶菊对根外喷施复合肥料吸收能力很强，从叶片吸收的复合肥料可分配到全株，包括根部，所以在相对温度较高时，进行根外施肥有一定的增产效果。

四、花

1. 形态特征

甜叶菊的花为头状花序，一个花朵中有雄蕊、雌蕊。花冠白色，顶端呈五裂，花冠中下部合成管状，细长犹如钟状。萼退化成毛状，叫冠毛。雌蕊由2个心皮构成，下位子房，1室，内含1胚珠，花柱细长，柱头2或3、4分叉，向花冠外反卷。雄蕊5个，着生花冠管内，花药聚合于柱头的下部，5个花丝分开，着生在花的基部。一个总苞中有4~6个小花集生，称总苞花萼。花冠和总苞是生殖器官的保护器官。每个花轴的节间不伸长，形成小盘状，是无花梗小花附着的头状花序，在茎顶或分枝上部呈伞房花序着生（图2-5）。在甜叶菊头状花序发育过程中，总苞片最先形成，然后小花再开始伸长，从总苞片形成至小花开放，因品系和气温而异，一般需要15~25 d，小花开放时间为4~5 d。

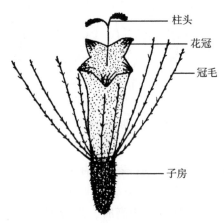

图2-5 甜叶菊小花形态

甜叶菊头状花序筒状，簇生于伞房状分枝顶端，长6.5 mm±0.2 mm，由聚生于直径为1.3 mm±0.1 mm花盘上的5朵的小花组成（图2-6）；花萼异变为刚毛状冠毛；总苞片，位于头状花序外围，圆筒状，绿色，近等长，彼此交叉重叠，外密被短柔毛。

图2-6 甜叶菊开花与小花特征

2. 生理机能

植物生长发育到一定阶段就开始进行繁殖。繁殖就是产生与自己相似个体的过程。就其意义来说，繁殖是生物延续和繁衍后代的必要手段。花是产生雌、雄生殖细胞和进行有性繁殖的器官。花是一种变态的枝条，由一种变态的茎和几种变态叶所组成的。变态茎分为两个部分：一是圆柱形柄状部分，叫作花梗；二是花梗的顶端稍微有一些膨大部分，叫作花托。变态的叶有花萼、花冠、雄蕊群和雌蕊群4种。这4种变态的叶紧密地着生在花托上，形成了花。雌、雄蕊是花的重要部分，它们和植物的繁殖有直接关系。花萼与花冠是花的次要部分，它们和植物的繁殖没有直接关系，在花未开放前，它们具有保护花内雌雄蕊机能，在花已开放之后，它们有招引昆虫代为散布花粉的作用。

甜叶菊经过一系列的生长发育过程，由营养生长期进入繁殖生长期，这时花芽原基出现，花芽原基随即发育成花。然后经过开花、传粉和受精作用，完成甜叶菊的有性繁殖过程。

五、种子

1. 形态特征

（1）种子的形态特征　甜叶菊种子属瘦果（图2-7），由冠毛、籽实皮、种皮和胚等4部分组成。果实纺锤形，长3~4 mm，宽0.5~0.8 mm，果皮黑（棕）褐色，有5~6条凸状白褐色纵纹，两纵纹间有纵沟，果皮密生刺毛和少量腺毛。果顶有浅褐色冠毛，单粒种子冠毛数为13~23条，冠毛长2.5~7 mm，呈倒伞状展开。冠毛皮上有锐刺。甜叶菊果皮由1层表皮细胞和3~4层表皮内层细胞、多层薄壁细胞组成，果皮厚度0.1~0.3 mm。表皮内层细胞横形，胞壁常木栓化，多为细胞腔窄小的石细胞，内含黑褐色素。种皮由一层表皮细胞和多层薄壁细胞组成。瘦果线形，稍扁，褐色，具冠毛。种子千粒重 0.4 g 左右，无休眠期，胚乳退化，储藏养分很少，外皮组织疏松，易透水分和空气，呼吸作用增强而失去活力，易失去发芽能力，寿命不超过 1 年。7 月下旬至 8 月上旬为现蕾期。花期 7—9 月，果期 9—11 月。

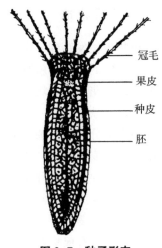

图 2-7　种子形态

成熟度较好的甜叶菊种子花冠通常脱落，果实纺锤形，呈深褐色，冠毛开张角度大，而成熟度差的种子，果实呈披针形，颜色较浅，冠毛开张角度较小，胚顶端与冠毛着生处距离较大（图 2-8A）。因此，在甜菊种子生产经营活动中，成熟种子的百分率可作为评价种子质量的基本指标。

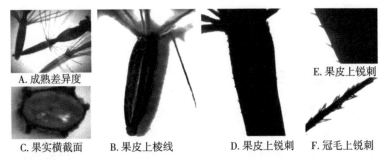

图 2-8　甜叶菊种子

甜叶菊种子属于瘦果，在果皮上自种子长度（种脐到果顶）方向有数条凸状浅褐色棱线，两棱线间有纵沟，肉眼清晰可知，在解剖镜下更为明显（图 2-8B、图 2-8C）。不论在品种间还是同一品种内，单粒种子棱数均在 4~8 棱，棱数平均值在品种间差异不大，但 5~6 棱种子的百分率在品种间差异明显，其是否与种子成熟度差异较大或品种纯度有关，有待进一步研究。果皮与冠毛上有锐刺。从生物学角度来说，种子粗糙度增加有利于种子的传播。由图 2-8D、图 2-8E、图 2-8F 可见，甜菊种子的果皮与冠毛上锐刺较多，其着生方向与冠毛方向基本相同；相对于果皮来说，冠毛上的锐刺更为密集。

（2）幼苗的形态特征　甜叶菊幼苗一般有 2 片子叶。子叶呈对生或轮生，全缘，绿色，叶肉较厚，解剖结构似真叶，由上下表皮、叶肉和叶脉组成。表皮上有气孔与表皮毛和腺毛，叶肉不分栅栏和海绵组织，是由不规则形状薄壁细胞组成。叶肉中含有叶绿体。子叶叶脉不突起，维管束组织上下方没有厚壁组织和厚角组织。初生木质部和韧皮部管状分子少，导管多是环纹，个别是螺纹，维管束周围没有维管束鞘。子叶柄初期较短，以后显著伸长，呈扁圆形，解剖结构似真叶柄。但维管束数目少，组成分子简单，维管束合并在一起，后在子叶分成若干束呈分枝状深入叶肉组织中。子叶柄结构由表皮、薄壁组织和维管束组成。

2. 种子千粒重及种子大小

（1）千粒重　中国各地目前栽培的甜叶菊品种千粒重有所差别，同一品种不同年份在同一地区采集的种子，千粒重也有差异。同一品种同一年在不同地区采种，千粒重也存在一定差别。可见甜叶菊种子千粒重，因品种、自然区域、栽培条件及不同年份的影响而变化，一般变化范围在 0.20~0.42 g。

（2）种子大小　甜叶菊种子长度平均值为 0.29~0.295 cm。种子宽度平均值为 0.067 cm，变化范围在 0.057~0.075 cm。甜叶菊种子呈纺锤形，按长×宽表示种子大小只是粗略值，实际大小表示应按纺锤形体积求出正确值。

（3）种子寿命　甜叶菊种子无休眠期，成熟种子遇到适宜环境很快发芽出苗。但甜叶菊种子很小，为无胚乳的瘦果，外面种皮又薄，长期贮存影响种子寿命。种子寿命与温湿度有密切关系，成熟的种子遇适当的温度、水分即可发芽。甜叶菊种子采收后在室温非密闭条件下，种子寿命在 3 年以下。一般种子发芽率随贮藏时间的增加而降低，尤其越夏高温高湿环境，影响种子活力最大。当年新采种子发芽率 81.6%，贮存 8 个月为 62%，11 个月为 40.8%，13 个月后仅为 29.1%。一般非密闭贮存室温条件下，1 年发芽率降低一半。说明在种子贮存过程中，适宜的温湿度能延长甜叶菊种子的寿命。不同品种种子寿命不同；室温密闭条件下种子寿命相对比不密闭的长；不同温度保存种子寿命亦不同，从 0~18℃，随着温度降低，种子寿命逐渐延长，并且密闭条件比不密闭条件种子活力高。中国农业科学院作物品种资源研究所 1985 年将种子保存在干燥器中，于 −10℃环境存放 7 年，1985 年放入时发芽率为 83%，1992 年试验仍有 57.5%发芽率，7 年仅降低 25.5%。

综上所述，甜叶菊种子寿命在自然条件下不同品种表现不同，起始发芽率很高的品种，由于种子质量不同，维持寿命年限亦不同。一般可以说甜叶菊种子寿命较短，常温下保存仅有 1 年生活力，密闭、低温、干燥环境保存，生活力可维持 5~10 年。

（4）种子质量检验方法　取有代表性的种子样品，用感量 0.01 g 的天平（农村可用感量 0.1 g 的），精确称取 4 份，每份 1 g，分别检验（计算时取四者平均数）。先自每份中挑出外观成熟的种子，余下的均作为杂质称量，以计算种子净度。再将挑出的成熟种子数清粒数（A），并从中随机数出 100 粒，在 25℃下作发芽试验。于第 7 d 计算发芽势，第 21 d 计算发芽率（B），最后计算每克种子中含有发芽种子的粒数（X）。

$$X = A \times B \times 1\%$$

此方法的特点是以每克种子中所含有的发芽种子粒数，为主要的质量标准。

（5）种子质量标准及等级划分　用上述方法检验了国内外的

种子样品 80 余份，种子中杂质（不实种子、碎叶和花器）含量范围为 15%~88%；每克种子中成熟种子数，少的在 300 粒以下，多的在 2 000 粒以上，成熟种子发芽率 23%~83%。据此，制定了甜叶菊种子质量分级标准（表 2-1）供各地评定种子使用价值，划分种子价格，确定苗床播种量和每亩需种量参考。

表 2-1　甜叶菊种子质量分级和播种量

种子等级	每克种子检验结果				折合每斤种子发芽粒数（粒/0.5 kg）	每平方米苗床播种量（g）
	杂质和不实种子（g）	成熟种子数（粒）	成熟种子发芽率（%）	发芽种子数（粒）		
1	<0.3	1 500~2 500	50~85	>1 200	>60 万	1.0~1.5
2	<0.5	1 200~2 000	50~85	>1 000	>50 万	1.2~2.0
3	<0.6	1 000~2 000	40~80	>800	>40 万	1.5~2.5
4	<0.7	800~1 500	40~80	>600	>30 万	2.0~3.0
5	<0.8	600~1 500	30~70	>400	>20 万	3.0~5.0
6	<0.88	300~800	30~70	>200	>10 万	6.0~10.0

第三章

甜叶菊的生物学特性

甜叶菊生长发育的各个时期特点不同，掌握这些特点，根据各个时期甜叶菊对外界环境条件的要求，采用适宜的栽培技术措施，发挥有利因素，克服不利的条件，来满足甜叶菊在各个时期生长发育需要，对进一步提高与发展甜叶菊生产，具有重要的指导意义。

甜叶菊适宜在温暖湿润的环境中生长，但也能在-5℃的低温下生长，气温在20~30℃时最适宜甜叶菊茎叶生长。

甜叶菊属于短日照植物，对光照敏感性强，临界日长为12 h，不耐涝。

甜叶菊根系浅，抗旱能力差。最佳生长时期为100~120 d。

甜叶菊在原产地巴拉圭和我国南方亚热带地区均能安全越冬，一年四季都可生长，为多年生草本植物。在纬度较高的地区，秋末气温降至15℃时，植株停止生长，一经霜冻，茎叶凋枯。在我国长江以北地区，在冬季严寒的气候条件下，老根在自然条件下不能安全越冬，表现为一年生。

甜菊全生育期140 d左右，无论是多年生还是一年生，其生长发育在一年内基本相同。甜叶菊生长发育不同阶段，植株器官会发生质的变化。因此，把一年生甜叶菊分为5个生育期，即出苗期（播种—出苗）、苗期（出苗—分枝）、分枝期（分枝—现蕾）、现蕾开花期（现蕾—开花）和结实期（开花—结实）。

一、主要生育期及其特性

甜叶菊从种子萌发到种子形成的一生，不同生育期植株内部发生不同生理变化，根、茎、叶、分枝、花和瘦果逐渐形成和发育。这些器官的形成，是植株内部生理变化的外部反映，构成了甜叶菊不同生育时期的生物学特点，甜叶菊的产量，就是在个体和群体生长发育过程中逐渐形成的。

营养生长阶段，甜叶菊主要是分枝、长叶和形成侧根的过程；并进生长阶段为花芽分化形成与根、茎、叶的生长和须根、肉质根的形成过程；生殖生长阶段是现蕾、开花、受精、种子形成和成熟过程。营养生长阶段是决定叶片的产量，生殖生长阶段是决定种子的产量。3个阶段的生长中心不同，栽培管理主攻方向也不一样。

甜叶菊生长发育主要特点是：苗期生长十分缓慢，苗期较长，50~60 d，营养生长与生殖生长并进时间长，现蕾及开花时间也长（为无限花序）。现蕾时甜叶菊的产叶量和糖苷含量都已达到最高峰，是收割营养体（叶片）最好的时期，亦可称为生物成熟期。

1. 出苗期

甜叶菊种子无休眠期，成熟种子遇到适当的温度、水分即可发芽成苗。种子萌发时首先是种子吸水膨胀，胚根伸出入土，胚轴相继伸长，经3~10 d出苗。但由于种子成熟度不一致，出苗时间和出苗率也有显著差异。一般成熟好的种子出苗后子叶展开良好，胚轴及胚根生长正常。相反，若种子成熟度不高，出苗后子叶展开和胚根伸长基本正常，但胚轴生长异常；有的胚根伸长良好，而子叶展开缓慢；有的子叶展开，但胚根不伸长等。发生以上异常情况不能培育成苗，几天后相继死亡。

2. 苗期

种子出苗后，生长非常缓慢，尤其是从子叶期到第 1 对真叶展开更为明显，一般需要 16~25 d。第 2 对真叶展开需要 8~14 d，分枝前 6~7 d 出现 1 对真叶，分枝到盛期 2~3 d 长出 1 对真叶。所以，从播种到移栽（幼苗长到 5~6 对真叶为移栽指标）的苗期为 50~60 d。苗期根系的生长状况，当子叶展开转绿时，主根伸长 3~5 cm，幼苗出现第 1 对真叶，形成 1 级侧根。出现第 4 对真叶时，可见到 2~3 条肉质根发生（粗根），到第 6 对真叶时，总根数可达到 7 条左右。小苗生长幼嫩，育苗期如遇土壤表层干燥，强烈日光暴晒，育苗棚内高温，追肥浓度偏高等情况，都会造成出苗困难或大量死苗。可见甜菊苗床管理时间长，要求高，特别是播种后至幼苗长到 2~3 对真叶这段时间尤为重要。

3. 分枝期

甜叶菊移栽后 5~6 d 即可恢复生长，随着温度的逐渐升高和降水量的增加，生长速度也逐渐加快，7—8 月现蕾后，株高基本稳定下来，一级分枝发生于主茎 5~6 节位，每株总分枝在 40 个以上；二年生植株属多枝丛生，二级分枝发生于主要枝条中部，一般 16~20 个节位，分枝多少与株型和栽培密度相关。

茎叶的生长盛期，根的生长速度也很快。此时茎基发生大量的须根和粗根，须根分布在土壤表层，粗根入土较深，形成较强的吸收机能。由于地上部与地下部的密切配合，致使茎叶生长较快。

4. 现蕾开花期

甜叶菊从茎叶盛期之后，主茎生长点伸长，花芽分化，形成花蕾。每个小花开花时间 2.5 h 左右，开花起始时间因天气情况而有所不同，一般晴天从 7：30 时开始开放，10 时左右最盛，15 时左右也有少量开花，通常每个小花可开放 2~3 d，1 簇花开完需 5~7 d。在

20~25℃情况下，天气晴朗，开花集中，结实率也高；温湿度过高，授粉不利，结实率降低；温度过低，花期延长，不能正常结实。

甜叶菊现蕾、开花期的早晚受日照长短影响很大，因为甜叶菊属短日照植物，临界日照为 12 h，长日照反应期分别在现蕾前 13~14 d、开花前 26~30 d，这阶段为花芽的诱导期。因此，甜叶菊在短日照地区栽培开花早，在长日照地区栽培开花延迟。

5. 结实期

甜叶菊开花后，受精的胚珠发育为成熟种子。种子成熟后和总苞一起随风传播。甜叶菊由现蕾到开花，在长江以南地区，可以正常开花结实。长江以北地区，由于秋季气温下降，在下霜前只能收到一部分种子，成熟度差，下霜后只开花不结籽。东北及西北地区，由于生育期短，温度低，甜叶菊只开花，不能正常结实，即使收到种子也不能发芽。

在甘肃河西地区的自然条件下，甜叶菊总生育期 225 d 左右，从播种到出苗，经苗期到分枝期约 64 d，分枝期的生长进入花芽分化初期约需 180 d。从花芽分化的伸长期至雌、雄配子体成熟约经 34 d。初花期距播种约 173 d。开花、传粉、受精、胚胎发育完成大约经 30 d 时间，从开花到种子成熟大约 52 d。

甜叶菊从移栽大田至 6 月上旬生长较缓慢，生长盛期从 7 月上旬（南方）至 9 月下旬，其中 7 月中旬至 8 月上旬是生长高峰期。甜叶菊生长进入花蕊形成期至 9 月下旬，随着气温的下降，甜叶菊生长量也不断降低。特别在甜叶菊生育盛期，伴随着降水量的增加，能够迅速促进甜叶菊生长。

总之，甜叶菊根浅怕旱，茎细脆易倒伏，种子小，实生育苗技术性强，苗期生长缓慢，中后期茎叶生长速度较快；喜湿耐渍，喜温耐寒；短日照开花早，长日照开花迟；自交亲和力低，后代变异性大；需肥水中等，对土壤要求不严。以上特点是甜叶菊对原产地长期适应的结果。

二、环境因素及其影响

1. 温度

适宜的温度是甜叶菊生长发育的必要条件，在不同的发育期甜叶菊的温度要求不同。甜叶菊原产于亚热带地区，喜高温，甜叶菊生长的适宜温度为 25 ~ 29℃，全生育期需要积温 4 600℃（≥10℃），≥15℃的活动积温为 4 100℃。但从近几年引种的情况来看，其适应性还是很强的。中国虽地处温带，但由于是季风气候，夏季高温多雨对甜叶菊的生长是有利的。例如日平均气温低于24℃时，甜叶菊生长很慢，平均气温高于 25℃时甜叶菊生长十分迅速，秋季日平均气温降到 15℃，甜叶菊停止生长。受温度的影响，甜叶菊整个生育期总体生长趋势是前期缓慢，中期迅速，现蕾开花期最快。

三叶之后甜叶菊粗壮的不定根迅速发展，根的干重、鲜重都增加很快，第 4 对真叶时根的干重比第 3 对真叶的高 15.5%，成熟期根系生长更快，平均日增量 0.154 g，达到高峰。茎的干重在第 2对真叶之后迅速增加，分枝期茎的干重日增重量达到高峰，以后逐渐下降。但茎的总干重和根同样都是成熟期最大。叶的干重在蕾期最大，以后逐渐下降。

甜叶菊在其整个生长发育过程中，根、茎、叶构成一个有机整体，以根促茎，以茎促枝，以枝促叶，以叶促根，完成开花结实。甜叶菊在全生育期内，根、茎、叶都在不断发生变化，互相促进，互相制约。但是由于在各生育阶段生长发育状况不同，对环境条件的要求也不相同。出苗期需要 ≥10℃的活动积温 150℃，≥15℃的活动积温 135℃。甜叶菊种子与其他作物不同，发芽时对光照十分敏感，而且近苗床处空气湿度要大。甜叶菊苗期特点是生长十分缓慢，这是甜叶菊的生物学特性。苗期需≥10℃的活动积温1 000~1 100℃。苗期到分枝前期，根冠比较大，根系发达，为其分枝中后期繁茂生长奠定基础。分枝期的特征是"长、大、快"，即分枝的时间长，是全生育期中最长的一个阶段。植株生长快，是甜叶菊枝叶最繁茂的时期，这个阶段是干物质积累的重要时期，茎叶干、鲜重日增量达到最高峰。根系的生长虽较前期迅速，但赶不上枝叶生长的速度，因此，根冠比例小。分枝期要求高温、高湿、强光照。分枝期≥10℃的活动积温2 300℃，占全生育期的1/2。本阶段决定着叶子的产量和糖苷的含量。

蕾期由营养生长向生殖生长转变。前期两者并进，但以营养生长为主，后期以生殖生长为主。蕾期时间不长，需要≥10℃的活动积温450~500℃。现蕾开花初期，茎叶干重、鲜重都达到最高峰，是收获叶子的最好时机。蕾期也是茎生长最快的时期。甜叶菊从营养生长向生殖生长转变，此时对光照时间的长短反应敏感，要求由长日照向短日照过渡，光照时间制约着开花的迟早。现蕾的时间影响着营养生长的长短，最终将影响干叶的产量和种子的成熟。

成熟时根的生长加速进行，干、鲜重均达到高峰，茎的干重达到高峰，但日增量下降。叶的干重日增量明显下降，叶子大部脱落，残留的在老茎上枯死。甜叶菊在河北省成熟需要积温660℃（≥10℃）和350℃（≥15℃）。枝叶枯萎凋落之后，老根留在地下，冬季土壤冻结，老根不能在大田安全越冬，若其老根翌年繁殖，必须挖坑将根埋入后盖土，一般采取防冻措施后能安全越冬。

（1）对出苗的影响　在自然光照下，温度适宜与否对甜叶菊发芽出苗影响极大，高温（≥30℃）和低温（≤15℃）都对种子发芽不利，20~25℃是甜叶菊种子发芽的适宜温度，在这个范围内不仅发芽快，而且发芽率高（表3-1）。恒温和变温对种子萌发的影响也不同，相同温度范围，在变温条件下表现发芽迟，在恒温条件下发芽早。

表 3-1　温度对种子发芽的影响

	8℃	14℃	20℃	25℃	30℃
发芽情况	可以发芽	发芽迟缓	发芽迅速，发芽率高	发芽迅速，发芽率高	发芽慢，发芽率低

（2）对幼苗期生长的影响　甜叶菊在幼苗期遇到 8~12℃ 低温条件，延续 1 个月时间，叶片及地上部干物重就明显减少。在幼苗期遇到 15℃ 低温条件延续 1 个月，苗期生长稍受影响，还可以恢复，最后干物质产量也不受影响。说明甜叶菊幼苗期温度低限在 15℃ 左右，各地在移栽时，应掌握好温度，才能提高成活率。

甜叶菊在 -5℃ 的短时低温（15、30、45、60 min）处理后，各处理的成活率在 60%~81.6%，可以看出，甜叶菊对短时 -5℃ 低温有较强的抵抗力。短时低温对甜叶菊幼苗的叶片没有明显伤害作用。

（3）对现叶的影响　叶着生在甜叶菊的茎及枝的节上，一般下部为对生，顶部为互生。华北地区种植的甜叶菊一般一生只长出叶片 43 对左右。因甜叶菊喜高温，当日平均气温低于 25℃ 时，现叶缓慢，日平均气温稳定在 25℃ 以上，现叶迅速，平均 2~3 d，甚至 1 d 就生长出 1 对叶片。15℃ 以下的低温和 30℃ 以上的高温都不利于叶片分化。

现叶与时间：不同生育期现叶所需时间不同，苗期现叶速度很慢，平均 7 d 才能出 1 对叶片，幼苗子叶出现以后，须经 6 d 后才长出第 1 对真叶，以后再经过 14 d，先后长出第 2、3 对真叶。到分枝期，随着温度的升高，叶片生长达到高峰。此时日平均气温降至 23℃，正是采摘叶片的最好时机，否则，叶片大量变质脱落，导致减产。

现叶与温度：日平均气温在 24~29℃ 时，平均 2~3 d 就生长 1 片新叶，在这个范围内生长出的叶片数占全部叶片的 65% 以上。因此，把日平均气温 24~29℃ 定为现叶的适宜温度。苗期（5 月

29 日）直到蕾期（8 月 26 日）以后，日平均气温大部低于 24℃，对现叶不利，因此，叶片分化较慢。叶片的分化主要集中在分枝期，分枝期的时间占全生育期的 39%，但分枝期分化的叶片占全部叶片总数的 80%。

现叶与积温：叶片分化所需的积温（≥10℃）范围变化很大，但多数叶片都是在积温 60~70℃分化出来的。不同生育期所需积温高低不同。苗期处在较低的温度之下，需要的积温较多；分枝期处在较高温度之下，需要的活动积温（≥10℃）较少。但若以有效积温（≥15℃）来表示，积温差异并不显著。每生出 1 对叶片所需要有效积温不等，但大都在 20~40℃。甜叶菊第 8、第 13、第 32 等 3 对叶片分化所需积温较多，其原因在于生长这几对叶片时，叶与分枝有同伸关系，延长了现叶天数。

（4）对茎枝生长发育的影响　甜叶菊的茎是由胚芽分化形成的，可以分为主茎与分枝。分枝的叶腋处可再形成各级分枝，形成一个庞大的地上株形。茎直立，呈圆柱形，基部木质化，顶部嫩软，表面茸毛，灰白色。一般主茎上生出 35~38 对分枝，起支持、输导和光合作用，同时，还具有贮藏甜味物质的作用，幼嫩枝条的这种作用更为明显。出苗以后甜叶菊就开始了茎的生长，总的生长趋势是前期缓慢，中期迅速，现蕾开花期最快。

气温对主茎生长量的影响：茎的生长受气温条件的制约，而且因生育期不同而异。当日平均气温达到 16.6℃时茎开始生长，当日平均气温下降至 15℃时茎停止生长。主茎的生长高峰分几个阶段，一个在分枝期的 7 月上旬，此时日平均气温为 17.2℃；另一个在现蕾开花的 9 月中旬，此时平均气温仅 21.7℃。主茎的日增长量并非随温度升高而呈直线上升，而是有明显的阶段性，受甜叶菊生物学特性所决定。7 月上旬日增长量最高，是气温上升所致。9 月中旬气温不高，但日增长量却达到高峰的原因在于植物个体为了完成它的一个生命周期，到此阶段发育速度加快，迅速增长，以争取更好的光照条件，因而这段时间主茎伸长最快。7 月上旬以后，气温很高，但主茎生长量不大，原因在于这个时期主茎大量分枝生叶，导致本身高度增加不大。

积温对主茎生长高度的影响：甜叶菊的主茎总生长高度为126 cm左右，主茎生长期间的积温（≥15℃活动积温）4 100℃，平均每增加33℃的积温，主茎就生长1 cm，但主茎的生长因生育期的不同所需要积温差别很大（表3-2）。

表3-2　不同生育期主茎生长所需积温

生育期	主茎生长1 cm所需积温	
	≥10℃	≥15℃
苗期	35	8
分枝期	28	12
蕾期	18	5
成熟期	27	19

积温对分枝分化的影响：主茎生长到一定阶段，外界条件适宜，就要产生分枝。在生产实践中发现，产生分枝的日平均气温为25.9℃，一年生甜叶菊一般生长33对分枝，分枝期平均2~3 d就生长出1对分枝，前期较慢，后期较快。全生育期平均生长出1对分枝需要≥10℃的活动积温67℃。

2. 光照

甜叶菊属于短日照植物，对光照时间敏感，临界日照约13 h。甜叶菊开花期受光照时间制约，在短日照地区，甜叶菊开花较早，生殖生长时间较长；在长日照地区，甜叶菊开花、结实较少，营养生长期较长，甜叶菊产量及甜菊糖苷的累积量高。光照强度影响甜菊糖的味质，短时间降低光照强度，能够降低叶片中甜菊糖苷含量，提高甜菊糖味质。甜叶菊种子萌发对光照敏感，光照可以增加种子萌发率，黑暗条件下将抑制种子萌发。

（1）对种子发芽的影响　一般作物种子发芽对光并不敏感，

但甜叶菊不同于其他作物，光照可以促进种子发芽，提高发芽率；黑暗条件降低发芽率。在25℃条件下经光照处理的比黑暗条件发芽率高。甜叶菊种子在15℃、20℃条件下不表现其光照发芽性，而在25℃条件下表现光照发芽性。从平均发芽日期看，温度影响最大，光照与温度交互作用无影响。

（2）对开花结籽的影响　光照时间长短对甜叶菊开花有不同影响。11 h的日照在播后45 d就现蕾，54 d就开花。12.5 h的日照现蕾、开花都比11 h推迟10 d，14 h的日照现蕾、开花均推迟50 d左右。由此可见，甜叶菊是以12 h为临界日照期，是对光敏感性较强的作物。

甜叶菊属短日照喜温植物，较高纬度地区光照条件有利于甜叶菊营养生长，但温度成为限制因素，一般以北纬35℃作为甜叶菊能否自然采种的分界，长江中下游地区是最适宜制种的区域。

在同一地区不同时间种植的甜叶菊，开花时间基本相同，例如河北农业大学在当年11月播种的甜叶菊与翌年2月播种的甜叶菊，播种期相差150 d，但开花时间只差5 d。不同纬度甜叶菊开花时间不同。例如我国北纬35°以北的地区，甜叶菊9月中旬现蕾开花，而纬度较低的福建则6月现蕾开花。两地开花时间不同，但开花时两地的光照时间是大致相同的。

开花期的迟早受光照时间长短的制约。白昼时间的长短对甜叶菊开花起到一种转机作用，黑夜时间的延长对甜叶菊开花起到促进作用，促使甜叶菊从营养生长向生殖生长转化，光照时间不到临界日照时（约12 h），即使温度适宜，营养丰富，也不能使其提前开花结籽。

在短光照处理（<12 h）条件下，播种后大约58 d就开花，短光照处理的效果与处理天数有关，2 d处理不能诱导开花，3 d以上处理时间越长开花越早。在纬度较高地区光照条件有利于营养生长期的延长，但温度已成为限制性因子。在华北地区9月上旬平均气温下降到22℃，这时开花，种子成熟好；9月中旬平均气温下降

到18℃，这时开花不利于种子成熟；10月初，气温下降到5℃，只能开花而不能结籽。此外，在采摘种子的时候还发现向阳的种子成熟好，而背阳的种子成熟不好。

为了解决高纬度地区甜叶菊收种问题，可在花芽分化时进行短日照处理，花芽分化在现蕾前13~14 d或开花前26~30 d，也就是花芽形成诱导时期。同时，在现蕾期连续短日照处理能提早现蕾、开花。

（3）各生育期所需的光照时间　甜叶菊各生育期对光照时间的要求不一样，光照时间如表3-3所示。

表3-3　各生育期的光照时间

生育期	可照时数（h）		实照时数（h）	
	总时数	日平均	总时数	日平均
出苗期	125	12.5	74	7.4
苗期	739	13.7	512	9.5
分枝期	1 250	14.2	651	7.4
现蕾期	267	12.7	138	6.6
成熟期	588	11.3	316	6.0
合计	2 967	13.2	1 691	36.9

3. 水分

（1）对苗期生长的影响　甜叶菊发芽需要较充足的水分，田间持水量不能低于80%，而且近地表空气湿度要大。近地表空气湿度过小，蒸发极快的情况下，即使土壤湿度很大，种子也难于发芽扎根。土壤湿度小，近地表空气湿度小，会使发芽率明显降低，发芽出苗后死苗严重。但是，田间持水量超过85%，发芽率下降，无根苗增多，烂籽严重。

甜叶菊是喜湿植物，尤其在2~3对真叶之前不定根未形成，短期干旱即可造成死苗。在水分不足时不定根很短，表层无须根，生长量很少。水分充足时则根系发达，不定根多。幼苗期给水的原则要适宜，过多则通气不良，死苗烂根。在第 1 ~ 2 对真叶时积水天数与死苗率成正比（图 3-1）。

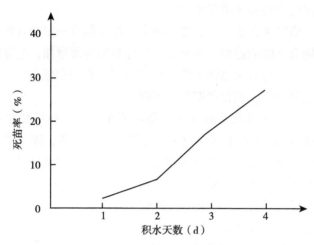

图 3-1　积水天数与死苗率的关系

（2）对生育期的影响　甜叶菊在生育初期，土壤水分不足虽不凋萎，但对甜叶菊以后的生育有很大影响。在生育盛期，土壤水分充足，对生育影响更大；在生育后期土壤水分不足，因为是甜叶菊种子成熟阶段，对叶产量影响不大，但影响种子的饱满成熟度。甜叶菊生长初期，土壤含水量在 10.2% ~ 22.8%，生育盛期土壤含水量 14.5% ~ 21%，在生育后期土壤含水量 9.8% ~ 13.8%，就能造成叶片凋萎。

（3）对干物重的影响　生育初期土壤水分不足对干物重影响较大，生育盛期影响较小，生育后期影响比较大。

4. 营养

（1）植株养分含量的变化　全氮：甜叶菊根和叶的含氮量从苗期以后逐渐增加，在生育盛期达到最高峰，现蕾开花期逐渐下降，叶部与根部从 8 月下旬以后也随之季节性降低。

磷：甜叶菊在生育初期叶片含磷量最低，生育盛期含磷量最高，以后逐渐减少，茎部在生育前半期含量高，生育后半期含量低，根部比茎枝部含磷量稍高。

钾：甜叶菊在整个生长发育期中，叶部都有一定的含钾量，在生育后期有下降的趋势。茎枝部从生育初期逐渐增加，生育旺盛期含量最高，生育后期急剧下降，根部和茎部有类似倾向，8 月下旬的含量达到高峰，到花蕾期急剧下降。

（2）养分的吸收量的变化　甜叶菊在 7 月下旬以后生长发育速度急剧增加，8 月上旬达到生育盛期，对氮、磷、钾三要素的吸收量急剧增加，特别是对氮与钾需要量剧增，钾比氮更显著，一直持续吸收到生育末期。8 月下旬分枝几乎出齐，枝叶都开始肥大，茎枝也开始木质化，9 月上旬花蕾形成时对氮、磷、钾三要素大量吸收。将全生育期的最大吸收量作为 100%，花蕾形成期氮的吸收量为 78%，钾的吸收量为 72%，磷的吸收量为 67%，以后吸收速度逐渐降低。特别是钾向茎枝部急剧转移，含量也显著增加。

甜叶菊对三要素的需求以钾肥需求量为最多，磷的需求量比氮、钾都少，因此，在种植甜叶菊时，多施钾肥是很重要的。

5. 土壤

甜叶菊耐贫瘠，对土壤肥力要求不高，土壤质地以沙壤土最佳。土壤 pH 值 5.5~7.9 均可生长，育苗期土壤 pH 值过高或过低均能引起死苗。研究表明，随着土壤中风沙土含量的增加，甜叶菊的生长呈现先升高后降低的趋势，土壤中风沙土含量为 20%~40% 时，甜叶菊地上部生物量最大；通气良好、保水保肥能力强、有机质丰富的土壤有利于根系生长，能促进地上部的生长、干物质累积，提高甜叶菊的抗旱性。甜叶菊种植具有连作障碍，同一地块连续种植甜叶菊不得超过 3 年。前茬作物以蔬菜等为宜，忌玉米和棉花。

第四章

甜叶菊的育苗技术

育苗是甜叶菊生产中的一个重要环节，确保及时培育出充足的壮苗，才能保证栽植面积，并达到适量早栽、合理密植、苗全、苗壮的要求，为甜叶菊高产优质打好基础。甜叶菊繁殖育苗，可以采用播种、扦插、压条、分株、组织培养等方法。

我国甜叶菊栽培方式采用先育苗后栽培的种植方式，因各地气候条件、栽培模式等原因育苗又分为种子育苗和扦插育苗两种模式。在我国北方地区，甜叶菊根不能越冬，但从其他地方进行运输种苗成本高，并且调运的种苗经过长途运输种苗成活率降低，在北方地区多用种子育苗。由于甜叶菊纯合率、结实率、发芽率等普遍较低，存在品种退化问题，影响种子育苗，我国南方地区，主要采用扦插方式育苗，采用扦插育苗可以提高品种纯度，提高种苗品质，一般以 30°N 作为北方和南方甜菊栽培种植型的分界，同时，考虑甜叶菊品种的抗寒性。

一、种子育苗技术

甜叶菊种子育苗特点是种植繁殖系数高，便于包装、贮藏和运输，所以在远距离引种和大面积栽培生产上多采用种子育苗方法。甜叶菊属于自交不育的异花授粉植物，在遗传学上是异质性很强的杂合体，实生植株的形态特征和甜味成分含量都有明显的差异，如果种子未经过严格杂交繁育，会造成种子质量差，严重影响甜叶菊原料的品质。

1. 种子特性及育苗条件

甜叶菊种子具有许多与常见作物种子不同的特异性状，保存条件和育苗技术如有不当，极易失去发芽力，降低成苗率，造成育苗失败。因此，在用种子育苗的过程中，必须根据甜叶菊种子发芽特性、出苗和幼苗生长特性，创造出其生长所需的环境条件，以保证培育壮苗。

（1）种子的发芽和出苗特性　甜叶菊种子很小，很容易失去发芽能力。种子千粒重仅有 0.25~0.42 g，子叶较小，胚乳退化厚，储藏的营养成分很少，外皮组织疏松，易透入水分和空气，使呼吸作用增强而失去发芽力。甜叶菊种子发芽率多在 23%~60%，个别低的只有 14.2%，高的也只有 78.4%。甜叶菊种子在室内袋藏，经过高温多湿的夏季，至 9 月有的已完全失去发芽力，但在密闭干燥条件下储藏 28 个月，仍能保持原来发芽率的 90%，可见种子密闭干燥储藏，是保持发芽力的重要措施。

（2）影响种子发芽和出苗的环境条件　除甜叶菊种子本身的特性外，育苗期间的环境条件，对育苗成败也有极大影响。甜叶菊种子细小，胚轴伸长力强，幼芽顶土力差，播种时覆土稍厚，就会严重影响出苗率。不覆土出苗率最高，为 55.2%；盖土 1 mm 的出苗率为 44.8%；盖土 5 mm 的出苗率为 27.5%（表 4-1）。甜叶菊种子宜播在土壤表面，因此，苗床表面湿度是影响种子发芽、出苗和幼苗成活的重要因素。当土壤含水率保持在干土重的 60% 时，出苗率最高，达到 43.3%；随着土壤含水率的下降，种子的出苗率也大幅度下降（表 4-2）。

表 4-1　盖土厚度与出苗率

盖土厚度（mm）	0	1	2	3	5	>5
出苗率（%）	55.2	44.8	34.3	29.3	27.5	22.3

表4-2 土壤含水量与出苗率

土壤含水量（%）	开始出苗天数（d）	出苗率（%）
20	7	3.3
30	7	8.0
40	6	12.7
50	5	32.0
60	5	43.3

甜叶菊种子在15~30℃的温度范围内，发芽期随温度的升高而提前；20~25℃时发芽率和发芽势最高；超过30℃，二者反而有下降趋势。

光照对甜叶菊种子发芽有促进作用。种子在自然光照下与黑暗条件下相比，发芽始期提前1 d，结束期提前7~8 d，总发芽率提高5.8%~9%。但是，在播种和育苗初期不宜强光暴晒，以免造成苗床温度过高、土壤水分散失、小苗蒸腾过强而影响出苗和成苗率。

种子萌发期是植物生长周期中盐胁迫最为敏感的时期之一，研究表明，种子萌发期耐盐性可以反映出该品种其他时期的耐盐性。对其种子萌发的影响，旨在探索该品种的耐盐特性，为品种的推广利用和系统选育新品系提供理论依据。以甜叶菊高 RA 品种江甜1号种子为试验材料，比较中性盐 NaCl、Na_2SO_4 与碱性盐 $NaHCO_3$、Na_2CO_3 对其种子萌发的影响。结果表明，随着 Na^+ 浓度的升高，4种盐处理下甜叶菊种子的发芽势、发芽率、发芽指数等指标总体呈下降趋势，抑制作用明显；甜叶菊种子能够忍受的 Na^+ 胁迫浓度范围为0~80 mmol/L；相同 Na^+ 浓度下，碱性盐抑制作用大于中性盐，总体表现为 $Na_2CO_3 > NaHCO_3 > Na_2SO_4 > NaCl$；在 20 mmol/L Na^+ 的低浓度下，NaCl 处理对甜叶菊种子萌发表现出促进作用，无盐害效应；复水后，种子能恢复部分活力，但恢复率较低。试验表明，甜叶菊种子具有一定的耐盐性，但其抗盐碱性不强。

采用不同浓度 NaCl 溶液处理甜叶菊种子，研究了 NaCl 对甜叶菊种子的萌发和幼苗生长的影响。结果表明，NaCl 对甜叶菊种子萌发的影响表现为低促高抑效应。浓度<0.3%时表现为促进作用，浓度≥0.3%时表现为抑制作用，盐分浓度越高，对甜叶菊种子萌发的抑制作用越明显；甜叶菊幼苗生长状况随 NaCl 浓度的升高呈现先升后降的趋势。由此说明，当 NaCl 浓度≥0.3%时，对甜叶菊的种子萌发和幼苗生长影响明显，也说明甜叶菊的耐盐性相对较弱，不适宜在盐浓度较高的环境中生长。

2. 育苗地选择和苗床设置

育苗地选择得当，不仅管理省工、成本降低，而且甜叶菊出苗率和成苗率高，幼苗长势好，有利培育壮苗。

必须选择地势和位置合适、土壤良好、前作适宜的地块作育苗地。前作收获后即着手耕耙整地，施足基肥。播种前做好育苗畦并进行土壤消毒和杀虫处理。

育苗地要选在向阳背风的平坦地或缓坡地。荫蔽地段、阳光不足、土温低，幼苗生长不良，易染病害；处在风口上的地块，风速大、水分蒸发快，易造成土壤干旱和幼苗失水，影响出苗率和成活率；土地坡度过大，易造成水土流失，也不利灌溉，均不宜选作育苗地。甜叶菊育苗期间需水量大，育苗地应选在水源充足、灌排方便的地段，以保证灌溉用水的需要。不宜在干旱的高坡地或低洼的积水地上育苗。育苗地还要选在交通方便，离住处和本田较近的地方，以便日常观察、管理以及物料（出圃幼苗）运输便利。

育苗的土壤要求富含有机质、疏松肥沃、结构良好、保水保肥力强、呈中性或微酸性的壤质土或沙壤土。熟土层厚度一般需 20～30 cm。不宜在黏重土壤、贫瘠的沙质土或盐碱地上育苗。

育苗地的前作以小麦、水稻、玉米、甘蔗、甘薯等作物的熟地为宜，忌用重茬地或葱地作育苗地。

3. 整地与施基肥

育苗地在前作收获后要多次耕耙，并结合施用基肥和农药，以促进土壤疏松熟化，消灭病虫害。

（1）耕耙　耕耙时期和次数应根据前作收获早晚和播种时期而定。首次耕耙应在前作收获后立即进行，末次耕耙宜在播种前15~20 d进行。冬季休闲的春播育苗地，冬前就要深耕20 cm左右，耕后立即暴晒，使土壤风化，消灭病虫害；春季整畦播种前浅耕8~10 cm，随即耙细整平。

（2）施基肥　甜叶菊育苗地施肥应以基肥为主，每公顷施优质腐熟厩堆肥30 000~90 000 kg、过磷酸钙450~900 kg，缺钾的地块应增施适量钾肥。施肥量多的可分次施入，在冬季耕翻前施入厩堆肥总量的1/2~2/3，随即耕翻入土；春季耕翻或整畦时再施入厩堆肥总量的1/3~1/2及全部磷钾肥。施肥量少的，宜在播种前整畦后集中撒施畦面，然后耙地，使之与畦土混合。

4. 作畦

一般在播种前10~15 d即应作好育苗畦，使畦土沉实，有利播种和育苗。在平坦地，以东西向延伸为宜，便于接受阳光，并可减轻寒风危害；在缓坡地，畦向应与坡向垂直，有利保持水土，且便于灌溉和排水。育苗畦的宽度以1.2~1.8 m为宜。畦长应根据地形、地势和育苗多少而定，在平坦地块一般以15~20 m为宜。畦过宽、过长则管理不便，且不利于灌溉和排水；过窄和过短，则土地利用率低。一般有高畦和低畦两种，应根据当地旱涝条件选用，并将畦面作成中部稍高、两侧渐低的龟背形，以防畦面积水。在北方干旱地区，应作成畦面平坦的低畦，即在畦面四周筑成高15~20 cm、底宽20~30 cm的畦埂，以利灌溉和保水。畦整好后，要反复将畦土耙细，使畦面平整，以保证播种时种子与土壤密切接触，表土水分分布均匀，有利种子发芽和出苗。

5. 土壤消毒和杀虫

为防止甜叶菊苗期病虫为害，保证幼苗健壮生长，要在播种前对苗床土壤进行药剂处理，以杀灭病虫害。在播种前 7~15 d，选用下列药剂，与 30 倍的细土混合，撒于畦面，然后划锄松土，使之与表土混合，如 50%五氯硝基苯粉剂 4~8 g/m²，或 50%敌克松粉剂 3 g/m²，或 70%土菌消粉剂 3 g/m²。在有蝼蛄、蛴螬、金针虫等地下害虫为害的地区，畦面用 50%辛硫磷乳油 1 g/m²，拌细土 100 g，撒施畦面，并耙入表土内。

6. 确定播种期和播种量

为保证适时培育出足够数量的壮苗，必须因地制宜地适期播种，并根据种子质量和育苗条件确定适宜的播种量。

（1）播种期　甜叶菊的适宜播种期具有明显的季节性。我国各地气候条件和耕作制度不同，播种期和育苗方式也各有差异。甜叶菊的播种期是否适时直接关系到甜叶菊苗情、移栽早晚、生育期长短、收获时期和次数等诸多方面，从而对叶片产量和质量也有显著影响。要做到适时播种，必须从充分利用气候条件、合理安排前后茬口、有效利用土地、满足甜叶菊生育要求等方面综合考虑，才能获得甜叶菊高产优质，达到最大效益。

由于我国各地自然条件和物候期的不同，甜叶菊播种期大致可分为春播育苗区、春秋播育苗区、秋冬播育苗区 3 种类型。

春播育苗区：我国华北、东北和西北地区，冬季严寒，春季低温干旱，无霜期短，甜叶菊 1 年只能收获 1 次，宿根在田间自然条件下不能安全越冬，需每年春季播种育苗。为了早育苗、早移栽，充分利用有限的大田生育期，一般都在早春薄膜覆盖保护育苗，只要苗床内最低温度能达到 1℃以上就可播种。西北地区一般多在 3 月上中旬播种，最晚在 3 月下旬。在播种适期范围内，春播宜早不宜晚。播期越早，出苗率和成苗率越高。播种过晚，高温干旱的矛盾难以解决，增加了苗期管理的困难，易造成育苗失败。

春秋播育苗区：华东地区和华中地区，地处长江流域，气温较高，无霜期长，雨量充沛，春、秋两季均可播种育苗。可以露地育苗，但秋播苗越冬期间和早春播种的苗床应加盖薄膜保护防寒。秋播育苗，能提早移栽期（一般在翌春4月下旬就可移栽），延长营养生长期，增加收获次数，从而获得较高的干叶产量。秋季露地苗床，播种期一般在10月中旬至11月下旬，以平均气温处于15~18℃时最为适宜；薄膜覆盖苗床，播种期可推迟10~20 d。以掌握幼苗进入越冬期时具有2~3对真叶最为理想，苗过大或过小均不利于安全越冬。该区春播育苗与秋播比较，有避免越冬期冻害、病害较轻、成苗率高、育苗期短和省工省料等优点，但缺点是移栽期较晚。春播薄膜覆盖苗床，宜在2月下旬至3月上旬播种；地膜覆盖育苗，可在3月中下旬播种；露地盖稻草苗床，多在3月下旬至4月上旬播种。以采用薄膜拱棚覆盖苗床，及早播种育苗为好。

秋、冬播育苗区：华南地区属亚热带湿润气候，雨量充足，无霜期长，适宜秋冬播种。因秋夏期间播种育苗，营养生长期较短，又地处低纬度，日照较短，往往早现蕾开花，不利于营养生长，而影响干叶产量。秋、冬露地播种，多在10月中旬至11月中旬，以平均气温稳定到15~18℃时播种为宜。冬季稍加保护，即可安全越冬。越冬苗也以具有2~3对真叶最为理想。冬季播种，宜用薄膜覆盖苗床，于1—2月播种。冬季露地育苗出苗率低，不宜采用。该区秋冬播种育苗，3月上旬至4月中旬移栽大田，既可延长营养生长期，又可避开夏季高温干旱及病虫害，使甜叶菊干叶产量及质量均可有所提高。

（2）播种量 适宜的播种量是培育壮苗的重要条件。播种量过大，出苗密度过大，相互荫蔽，光照不足，影响光合作用，使幼苗徒长，易染病害。播种量过小，出苗稀少，既不能充分利用苗床面积，也不能育出足够的苗数，会增加育苗成本，影响大田栽培面积。

要做到播种量适宜，应根据种子质量、气候条件、苗床整地质量、育苗方式、苗床管理水平、病虫害发生程度等综合考虑。一般以每平方米苗床能培育成苗 800~1 500 株幼苗为标准。播种量的多少是由计划每单位大田栽植苗数、种子质量（以单位重量种子中所含有效种子数来表示）、预计有效种子成苗率（根据育苗条件和育苗技术确定）3 项因素所决定。

种子质量是影响播种量的主要因素。目前一般生产上用的甜叶菊种子，因种子产地、品种特性、采收时期、气候和贮藏条件的不同，播种量也有差异。特别是种子净度对播种量影响较大，同时甜叶菊种子细小，每克有 2 500~3 000 粒，用一般称量工具不易准确称取千粒重。因此，用常规作物检验种子质量和计算播种量的方法，存在一定困难。

根据甜叶菊种子的特点，简便易行的种子质量检验和播种量计算方法如下。

首先，数出每克种子中含有外观成熟种子的粒数，再取成熟种子做发芽试验，求得成熟种子发芽率。以每克种子中所含成熟种子粒数乘以成熟种子发芽率，其乘积即为每克种子中含有效种子(有发芽力的种子) 粒数。然后再根据育苗条件和育苗技术，估计有效种子成苗率。按下列公式，计算出栽 1 hm² 大田所需要的播种量。

大田所需播种量（g）＝计划每公顷栽植苗数/（每克种子含成熟种子数×种子发芽率×成苗率）

注意事项

在用上述公式计算插种量时，还必须注意掌握以下几个问题，才能使计算出的播种量更加符合实际情况。

必须在播种前进行种子发芽试验：甜叶菊种子的发芽率，随贮藏时间的延长而逐渐降低，在高温、多湿环境中，发芽率下降更快。因此，为确定播种量所做的发芽试验，应在播种前 15~25 d 进行，不可用种子收获时的发芽率来计算播种量的数据。

根据育苗条件和苗床管理水平确定有效种子成苗率：有效种子在苗床中的成苗率高低，因苗床土质、整地粗细、当地气候条件、播后覆盖保护措施和苗床管理水平等因素的影响而有较大差异。在土地条件良好、播后薄膜覆盖、育苗期间温度适宜、空气湿润、苗床管理水平又较高的条件下，有效种子的成苗率可达60%~70%，甚至更高些。如果采用露地育苗，或在苗床土质不良、温度过高过低、干旱多风、育苗技术不熟练的情况下，有效种子的成苗率则可能只有30%~40%，甚至更低。因此，在不良条件下育苗，就要将预计有效种子成苗率适当降低，以提高育苗的保险系数。

苗床播种密度：一般以每平方米床面播 2 000~3 000 粒有效种子，成苗 800~1 500 株为适宜。每栽 1 hm² 大田需要苗床面积 150~225 m²。

7. 选种和种子处理

选用优良种子进行种子处理，可保证出苗率高，出苗整齐，培育壮苗，防止苗期病害，进而达到甜叶菊的高产优质。

（1）种子除杂和精选　甜叶菊种子细小，又带有冠毛，采收时易夹带大量枝叶及花器等残片杂质，收获后必须除去这些杂质才能使用。

除杂方法是收获的种子，先用手工拣去较大的枝叶、花梗等杂质，再用孔径 2 mm 的筛子筛除沙土、花冠残片等质量密度大的杂质，然后将种子放在簸萁内轻轻簸动，将种子扇出，弃去剩下的杂质，收集种子，晒干装袋。

除杂后的种子仍带有部分干瘪不实的种子，若需采用饱满度高的种子，必须进一步精选。成熟种子的外观标准是外皮墨绿色或黑褐色，有明显的纵条棱，冠毛深绿或褐色，开张有力；用手捻压种皮，感到内部充实饱满。凡外皮和冠毛淡黄色或淡黄绿色的，是不成熟的种子；外皮和冠毛为暗褐色、无光泽的，多为霉变种子。虽外观色泽正常，用手捻压感到内部空瘪，且易破碎的，也是不实种子，都应剔除。精选方法常用的有粒选、风选、水选3种方法。

粒选法：用人工手选，即用镊子逐粒选种皮黑褐色的饱满种子。此法选出的种子质量高，但费工、效率低。一般只用于少量精播或科研需要的种子。

风选法：此法效率高，最常采用。用自然微风或机械风力（如风车、电风扇等）吹动种子飘散，将空瘪种子吹向远处，收集饱满种子备用。

水选法：此法只适用于播种前结合浸种进行选种。将已搓去冠毛的种子浸入清水中，搅拌 10~15 min，再静置 1~2 h。此时，饱满度高的种子自然下沉，捞除上浮的不实种子等杂质，倒掉清水，收取下沉的种子，拌上干锯末或细沙土等直接播种或进行催芽处理后再播种。

（2）晒种和去冠毛　甜叶菊的种子很小，出苗率低，种子千粒重为 0.355 g，外形细长，一般 2~3 mm；在种子的顶端，胚的周围生有冠毛。这些毛状物对种子吸水起阻碍作用，限制了水分进入种子内，从而影响了种子的萌芽、整齐度，也影响了幼苗的长势。因此，种子精选和种子处理对大田生产必不可少。播种前进行晒种可杀灭种子上的病菌和虫卵，并对种子的发芽率、发芽势和幼苗生长发育有良好的作用；另外，晒干的种子冠毛发脆，易于搓掉。晒种方法为在播种的前几天，选晴朗天气，于 15~20℃温度下晒 1~2 d。甜叶菊种子的冠毛着生于种子顶端，呈倒伞形张开，播种后冠毛支撑种子，使种子与土壤接触不良，影响种子吸水和发芽，所以播种前必须搓掉冠毛。搓冠毛方法时将种子摊于纸上，用双手掌夹取种子，轻轻揉搓，至大多数种子上的冠毛脱落为止。也可将种子装入纱布袋中，手执袋子来回窜动，也能除去冠毛。

（3）种子消毒　甜叶菊种子往往附有多种病菌，播种前用药剂处理，可防止病害传播。种子消毒可用50%多菌灵500倍液，或高锰酸钾 5 000 倍液，或 50%代森铵 500 倍液，或 50%福美双溶液 500 倍液，或 1%的福尔马林溶液。消毒方法是将种子装在纱布袋内，先用清水浸湿，淋去浮水。然后放入上述配制好的药液中，浸泡 10～15 min，取出用清水将药剂冲净，即可用于播种或再进行催芽处理。

（4）浸种催芽　经消毒处理的种子，可直接播种，但为了出苗整齐健壮，也可再进行浸种和催芽。将种子放在冷水或 25℃温水中，浸泡 12～18 h。捞出，淋去浮水，即可播种或再进行催芽处理。经浸泡、吸足水分的种子，放在 20～25℃ 的温度下，保持湿润，每天早晚各翻动 1 次，使温湿度均匀一致，经 2～3 d，待种子约有半数开始露白时即可播种。催芽后的种子，应及时播种，不可久放，以免幼芽生长过长播种时受到损伤。

8. 苗床类型与播种方法

甜叶菊苗床，按苗床基质和构成的不同，主要可分为畦地苗床、营养杯苗床和沙培苗床 3 种类型，不同类型的苗床，播种方法也有差别。

（1）畦地苗床　将育苗地的田土做成畦状作为苗床，称畦地苗床。大面积甜叶菊育苗多用这种苗床，其优点是简便易行。在北方干旱地区，畦埂要高出畦面，以便于灌溉和接纳雨水。

先将整好的苗床灌足底水，待水渗下后，用细土填平水冲洼陷处，使床面平整，以保证育苗期间浇水均匀，床面湿度一致；再将种子（或经过浸种等处理的种子捞出挤去浮水）加入适量的干细土或锯末，拌匀，分多次均匀地撒在床面上。撒完种子后，再用细筛盛细沙土，均匀地筛撒覆土，至种子半埋半露为度。这种覆土方法，既能保证覆土均匀，使种子与土壤密切接触，又不破坏土壤结构，可防止土壤板结。再用木板轻压一下，使种子和土壤接触更加紧密。最后，加保护覆盖。露地育苗，播种后在床面上盖一层稻草，然后用喷水壶喷水，保持土壤湿润。也可在稻草上再盖一层地膜，以保温保湿。覆盖的稻草和地膜，要在种子开始出苗后即揭去，揭得过晚既影响光照，也易损伤幼苗。薄膜覆盖育苗，播种后搭好拱棚支架，盖好薄膜。

（2）营养杯苗床　采用营养杯育苗，由于苗间距离均匀，有利培育壮苗，而且移栽时不伤根，幼苗成活率高，恢复生长快。但此法用工用料较多，需用的苗床面积也较大。

营养土配制：营养土的基本成分是肥沃的壤质土，加腐熟的厩肥或堆肥 30%~50%。根据当地资源情况，还可在田土内加入草炭土 30%~50% 或陈炉灰 20%，混匀过筛。每 100 kg 肥土中再加氮磷钾复合肥 100~150 g，或过磷酸钙 140 g、硫酸铵 60 g。

营养杯制作：先用薄铁皮制成高 8~10 cm、口径 2~3 cm 的圆筒。再将废报纸或塑料薄膜裁成长条，其宽度要大于铁筒高度。做营养杯时，在铁筒内装满营养土，筒外裹上纸条，将纸条高出筒口的部分向内折叠，成为营养杯的底部。然后将装好的育苗杯倒过来，扣在育苗畦上，把杯内的铁筒抽出，再做下一个营养杯。如此将一个个营养杯靠紧扣在育苗畦上。

播种：在每个营养杯内播 3~4 粒成熟的种子，再用细土稍加覆盖，使种子半埋半露。用细孔喷壶均匀喷水，至充分渗透杯内土壤。

管理：营养杯苗床，多在薄膜覆盖的拱棚或阳畦内育苗。除一般管理外，还需注意：当幼苗长到 2~3 对真叶时，进行间苗，去弱留强。当幼苗长到 5~6 对真叶时，即可起苗移栽。起苗前 4~7 d 不要浇水，以免纸杯过湿破碎。起苗时用铁铲将杯的底部成片铲起，送到大田栽植。

（3）沙培苗床　沙培是无土栽培的方法之一，用于甜叶菊育苗，优点是能提高出苗率和成苗率，节省用种量，培育壮苗，减轻病、虫、草为害；缺点是费工多、成本较高。此法适用于拥有种子量少，并需加快繁殖时采用。

育苗盘和营养液制备：育苗盘制备可选直径 1~2 mm 的河沙，

用水冲去泥土，平铺于不透水的平底盘中，沙层厚度 10 ~ 20 cm。适于甜叶菊沙培育苗的营养液成分如表 4-3 所示。

表 4-3 甜叶菊沙培育苗的营养液成分

营养液成分	营养液剂量（mg）
硫酸铵 [（NH₄）₂SO₄]	48.2
磷酸二氢钾 [KH₂PO₄]	24.8
硝酸钙 [Ca（NO₃）₂·4H₂O]	86.5
硝酸钾 [KNO₃]	18.5
硫酸镁 [MgSO₄·7H₂O]	119.7
硅酸钠 [Na₂SiO₃]	微量
水	1 000

催芽、播种、培育：经过精选的种子，浸入水中吸足水分后取出，放于培养皿中，保温 20~25℃催芽。经 3~4 d，种子刚露芽尖时，用镊子轻轻夹取，移入准备好的育苗沙盘中，并将种子压入沙中，仅露芽尖。将已播种的沙盘，放温室内培养。要经常补加营养液，保持沙床湿润，经 1 周左右，当小苗出现第 1 对真叶、根长约 1 cm 时，即可分苗。

分苗后培养：甜叶菊种子播在沙盘中是密集播种，便于集中管理。当小苗达到分苗标准时，即应移入沙培苗床或营养杯苗床中，适当加大苗距，在光照充足、保温、保湿条件下继续培养，使之苗壮成长。

沙床可以在温室内，挖深 15~20 cm，宽 1 m 的地槽，槽上铺塑料薄膜，再加入河沙，灌入营养液，整平沙面，然后将沙盘内的小苗移入。沙床中要经常补充营养液，并最少每周换 1 次新营养液，保持沙床湿润。当幼苗长到 4~6 对真叶时，即可移栽大田。

9. 育苗方式及保护措施

按苗床地上部设置和保护措施不同，育苗方式可分为露地育苗、薄膜覆盖育苗（薄膜阳畦和小拱棚）、塑料大棚育苗（全塑料大棚和塑料温室）、玻璃温室育苗等多种。各地可根据当地气候特点、已有设施和经济条件等因地制宜选用。

（1）露地育苗　在我国长江以南，甜叶菊播种育苗期间，温暖湿润地区的苗床可不加保护设施，露地育苗。此法育苗成本低。按一般要求选地、整地、作畦。播种方法与畦地苗床相同。播种后在畦面盖1层稻草，浇水时不致冲动种子，并保护土壤湿度。用喷壶淋水，至苗床湿润，也可在稻草上再盖1层薄膜，更有利保温保湿。种子发芽前，要勤浇水，保持苗床表土湿润。种子发芽后，逐步揭去稻草和薄膜。在幼苗长到2对真叶前，仍以防旱保湿为主。

秋季播种的露地苗床，当日平均气温降到10℃以下时，应加盖薄膜保温，以保证幼苗安全越冬。

（2）薄膜覆盖育苗　塑料薄膜覆盖育苗，既简便易行、成本比大棚和温室育苗低，又有保温保湿效果好，成苗率比露地育苗高的优点。因此，成为当前我国各地应用最广泛的一种甜叶菊育苗方式。薄膜覆盖苗床有多种形式，常见的有薄膜阳畦和薄膜小拱棚两种。

薄膜阳畦：薄膜阳畦（图4-1）是地上筑有北高南低的床框，盖有塑料薄膜的育苗床。多在北方寒冷地区采用，有的为加强防风和保温作用，还在畦的北侧夹上防风障，也可在畦土底部加电热丝或自然酿热物增加床温，夜间在薄膜上可盖草帘保温防寒。由于它可采用多种保温和增温措施，床内的气温和土温都较高，在北方也可在冬季或早春寒冷季节育苗，以达到早播种、早成苗、早移栽、延长甜叶菊生长期和提高叶片产量的目的。

在选好的地段，顺东西向划出畦面，畦宽1.2~1.5 m，长度按地形和育苗多少而定，一般以不超过20 m为宜。前作收获后及时

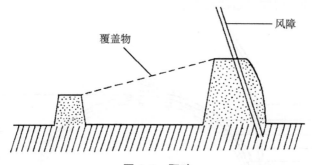

图4-1　阳畦

施足基肥，耕翻整地。初冬土壤封冻前或早春土壤解冻后，于畦面四周筑成床框，北高40~60 cm、南高10~20 cm，东西两侧呈斜坡形，厚度为30~40 cm。床框用土夯实或用砖砌成。前后畦间，应留出70~100 cm宽的过道，以便于管理。播种前将畦土整平整细，浇足底水，然后播种。播种后，在床框上每隔50 cm横放一根竹竿，然后盖上薄膜，薄膜四边用泥土压实。育苗前期，气温较低，夜间应加盖草帘或苇茅苦等保温防寒，早晨日出后揭去以接受阳光。只要灌足底墒水，出苗前一般不需浇水。出苗后，要勤检查、浇水，保持表土湿润。当幼苗长到2~3对真叶时，随气温渐高，遇晴暖的白天，要在薄膜边缘的四周每隔一定距离支起一个通气孔，以通风降温。床温越高，支的通气孔要越多，越大，以至揭开薄膜的东西两端，降低床温。

　　薄膜小拱棚：薄膜小拱棚（图4-2）不筑床框，建造容易，但保温性能较薄膜阳畦略差，南方和北方都可采用。畦宽一般1~3 m，长度随实际情况而定。播种前整好畦面，灌足底水，然后播种。播种后，再插棚架。棚架材料可选用细竹竿、毛竹片、树枝条、直径6~8 mm的钢筋等，截成适用长度，跨畦埂两侧插成拱圆形，每隔30~60 cm插一条，棚脊离地面高50~100 cm，跨度大和较高的棚架要在顶部或两侧绑上与拱架垂直连接的横杆。最后盖好塑料薄膜，薄膜底边四周用土压实。

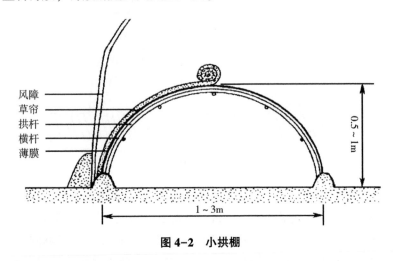

风障
草帘
拱杆
横杆
薄膜

0.5~1m

1~3m

图4-2 小拱棚

遇寒潮袭击，夜间可盖草帘保温。晴暖的白天，床温过高时，要揭起苗床两端的薄膜通风降温，也可在薄膜上盖稀疏的草帘遮光降温。揭膜炼苗时期，应根据幼苗生长情况和当地温、湿度而定。在北方，应在幼苗长到2~3对真叶后，视气候情况，逐步揭膜；温暖多湿的南方春播苗床，可在第1对真叶后逐步揭膜。揭膜过早，苗小根浅，遇干旱大风天气，易造成大量死苗。

（3）塑料大棚育苗 塑料大棚是一种较大型的保护地育苗和栽培设备，有全塑料覆盖大棚和单斜面塑料大棚两种类型，后者也叫塑料温室或薄膜温室。塑料大棚与薄膜阳畦和小拱棚比较，由于覆盖空间大，保温效果好，苗床管理也较方便，但建筑成本较高。

全塑料大棚：各地因气候条件、建材来源、育苗要求不同，全塑料大棚的类型也多种多样。一般多采用单栋拱圆形大棚（图4-3），其中，小型的宽5~10 m，长10~30 m，中高1.8~2.2 m。棚架材料有竹木、钢筋、钢管、硬质塑料等多种，可根据当地建材来源和经济条件选用。大棚内还可加设人工加温设施。

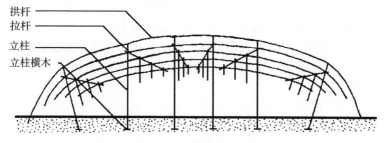

图4-3　竹木结构大棚

大棚内多采用畦地苗床，也可根据需要和条件采用电热温床、营养杯育苗、沙床培育等方法。为充分利用空间，还可在棚内设立多层支架，层层摆放育苗箱，实行立体育苗。

大棚育苗，保温条件好，甜叶菊播种期可比薄膜小拱棚提前10~20 d。为了更好地保持地温和地表湿度，播种后也可在畦面盖草和薄膜，出苗后再揭去。地面覆盖，在夜间的保温作用尤为明显。

塑料温室：塑料温室（图4-4）即单斜面塑料大棚。这种温室多为坐北朝南、东西方向延伸，北面和东西两侧都为用泥土或砖石建成的墙壁，棚顶设草帘夜间放下防寒，棚内还可安装加温设备，防风保温效果好于全塑料大棚，在北方甜叶菊育苗尤为适宜。塑料温室的类型也很多，农家常用的多为土木结构的一面坡温室，

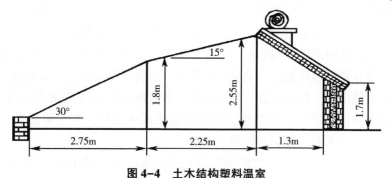

图4-4　土木结构塑料温室

或在此基础上做改良形式。一般南北跨度为 5~8 m，东西长 30~80 m，最短的 10 m，中柱高 2~2.4 m，前柱高 1.2~1.8 m。这种形式的温室，采光、保温性能均较好，在北方也不需采用加温措施，就可在早春提前育苗。该结构温室可就地取材，建造较易，投资少，易于推广。

10. 苗期管理

甜叶菊种子细小，自身所含养分少，幼苗嫩弱，生长缓慢，育苗期长，必须加强苗期管理，才能培育出足够数量的健壮幼苗，以保证大田栽培计划，并达到高产、优质、低成本。

（1）水分管理　甜叶菊种子抗旱力差，育苗期间稍有干旱，就会影响出苗和造成死苗，因此苗床水分管理十分重要。

甜叶菊苗床，在播种前务必浇足底墒水，再加覆盖保湿措施，以保证苗床土湿润，避免早期浇水冲动种子，影响出苗。无论采用何种育苗方式，播种后在畦面盖一层稻草或麦秸既有利于保持床土湿度，又能缓冲早期浇水对种子和小苗的冲击作用。

从播种到幼苗长到 2~3 对真叶时是抗旱力最差的阶段，必须每天早晚检查墒情，稍干就应及时浇水，使表土始终保持湿润状态。此时浇水要用细孔喷壶喷洒，严禁用瓢泼水或开沟放水漫灌，以免冲动种子和冲出幼苗。待幼苗长到 2~3 对真叶后，根系已经下扎，可适当减少浇水次数，仍需保证根层土壤湿润。有渠灌条件的，可以开沟引水入畦，但仍要求小水细流，防止冲埋小苗。

育苗中后期，如幼苗出现徒长现象或幼苗已接近移栽标准，而又因故需推迟移栽时，则应控制浇水，并通过停止追肥、加强通风降温等措施，控制徒长，炼苗促壮。移栽前 5 d，应适当控制浇水，使幼苗逐渐适应大田条件，以提高移栽后成活率。起苗移栽前一天，少浇水湿润根层，以便于起苗。

（2）调节温度　甜叶菊育苗期间，保持适宜的温度，是达到苗全、苗齐、苗壮的重要条件。甜叶菊播种出苗期间，保持地表温度 20~28℃ 为适宜；幼苗生长期间，以白天 18~25℃、夜间 12~16℃ 为适宜。10℃ 以下生长趋于停止，但可耐 2~3℃ 低温；30℃ 以上不利于出苗和生长；35℃ 以上会发生生理障碍，甚至导致幼苗和小苗大片枯死。

在北方，早春育苗多采用薄膜阳畦或小拱棚等保护设施。育苗前期气温低，夜间应在薄膜上盖草帘保温防寒，白天揭去覆盖，接受阳光增温。到育苗中后期，气温渐高，只要没有寒潮袭击、大幅度降温天气，夜间不再盖草帘。在晴暖的白天应注意检查苗床温度，当床温超过 28℃ 时，就要采取遮光或通风措施降温。开始可在薄膜两端或四边支起少数通风孔，以提高降温效果，以苗床温度不超过 28℃ 为好。当幼苗长到 2~3 对真叶，平均气温稳定在 12℃ 以上时，可逐步揭去薄膜。开始时早揭晚盖，到移栽前十数天，夜间也不再盖膜。

南方秋播育苗地，播后气温渐降。露地苗床，当气温降到 10℃ 以下时，应逐步揭膜保温。遇寒潮侵袭，预报最低温度低于 1℃ 时，夜间应加盖草帘防寒。翌年春，平均气温回升到 12℃ 以上时，应逐步通风、揭膜。

注意事项

既要注意保温防寒，又要防止高温引起幼苗徒长或烤死幼苗。

通风揭膜要逐步渐进，同时，要注意浇水防旱。

一天当中，覆盖物的揭盖时间，要根据气温掌握，气温较低时，应早晨晚些揭、下午早些盖，气温较高时，应早些揭、晚些盖。

阴天光照不足，幼苗易徒长，要注意通风，床温应掌握在适宜范围的低限。

（3）合理追肥　甜叶菊育苗前期，苗小幼嫩，根少而浅，生长缓慢，需肥量少，耐肥力差，追肥不当很容易造成死苗，反而得不偿失。一般待幼苗长到 2~3 对真叶后，方可开始追肥。第 1 次追肥后隔 7~10 d 可再追 1 次。徒长苗不追肥或少追肥。移栽前 7~15 d 停止追肥，以免幼苗生长幼嫩，影响栽后成活。

北方多用化肥作为追肥，南方多用稀薄腐熟的粪尿水。不可施用碳酸铵、氨水等挥发性大的肥料以及未经腐熟或块状的有机质肥料，以免引起肥害。

追肥要少量、稀施。一般每 10 m² 苗床用尿素或氮磷钾复合肥 30~50 g，兑水 15~25 kg，溶解后喷洒；也可用稀人粪尿 5~10 kg 浇施。在 4 对真叶时，用 0.2%尿素、0.1%磷酸二氢钾、1%甲基硫菌灵的混合液，喷叶面 3~4 次，既可促进幼苗生长，又能防治叶斑病。追肥切忌浓度过高，也不宜在高温烈日下进行。

（4）除草、间苗和假植 除草：在适宜的温、湿度条件下，杂草往往比甜叶菊苗生长迅速，如不及时拔除，会严重影响幼苗生长。苗出齐后，就要及早拔除杂草，以后每隔 5~7 d 拔草 1 次。拔草最好在浇水后进行，土壤松软，容易连根拔掉。

间苗：甜叶菊种子的出苗率和成苗率高低，因受多种条件的影响而会有很大差异，育苗时往往加大播种量来增加成苗保险系数，而使出苗密度过大，如不及时疏苗，易长成细高的老化苗或徒长苗，影响移栽成活和叶片产量，整个苗期分 2 次间苗。第 1 次在 1 对真叶时，在出苗密集处，间去过密的苗，同时结合除草；第 2 次间苗，在幼苗出现 2~3 对真叶时，剔去过密处的小苗、弱苗及全部病苗，留生长整齐的壮苗，留苗密度以苗距 10~15 cm 为宜。如苗床上留下的苗不够移栽之用，可将第 2 次间出的苗假植备用。

假植：将间出的苗假植，不仅可提高幼苗的利用率，而且经过假植的苗根系发达，吸收能力强，移栽后成活率高，恢复生长快。

采用假植，要预先做好假植苗床，假植前苗床要浇足底水。用于假植的苗，在起苗时要仔细，尽量少伤根。假植时，先用小竹签在床面戳一小洞，然后将苗栽入，再用竹签轻压苗周围的土壤。假植苗的行距 3~5 cm。要按幼苗大小分批栽植。栽后浇水遮阴，以利成活，假植初期，要注意浇水，保持土壤湿润，以后酌情浇水和追肥。

二、扦插育苗技术

甜叶菊扦插属于嫩枝扦插，是利用半木质化的绿色枝条作插穗进行扦插育苗。甜叶菊扦插的时间选择在每年秋季 8 月下旬至 9 月底最好，如果在设施内栽培，室内温度应该保持在 20~30℃，并用遮阳网覆盖，一年四季都可以扦插育苗。因嫩枝中内源生长素含量高，组织幼嫩，细胞分生能力旺盛，顶芽和叶子有合成生长素与生根素的作用，可促进产生愈伤组织和生根，容易成活。但嫩枝扦插抗逆性差，扦插时正值夏季，气温高，水分和养分消耗大，易引起枝条枯萎死亡，因此，嫩枝扦插对技术和环境条件要求特别严格，现将需注意的事项说明如下。

1. 插穗的选择

插穗的挑选也很重要，确保插穗质量。扦插的插穗是从大田植株中挑选的优良品种或者是在设施内栽培的老根抽发的新枝。每年 8—10 月进行秋季繁苗的扦插，插穗从经过选择并进行去杂的大田甜叶菊植株顶端剪取。冬季、春季进行繁育所用的插穗，应从秋繁苗上剪取，或从温棚栽植的老根上萌发的幼苗上剪取。插穗以 5~6 对叶片为宜，每段顶枝剪取 4 对叶片 1 心、长度 6~8 cm。扦插时保留 2 对叶片 1 心，剪去多余叶片，以减少水分与养分消耗，防止病害发生。插穗剪取后及时扦插，不宜久放。每次扦插不完的，保存在阴凉处并用湿布覆盖。

一般从 4~6 年生长健壮、无病虫害的幼龄母枝择粗壮、饱满、生长旺盛的半木质化嫩枝作插穗，这样扦插的成活率较高。嫩枝扦插在 5—8 月均可扦插，各树种的扦插时间要按嫩枝的木质化程度来定。实践证明，对难生根的树种，年龄越小越好，基部萌生枝、徒长枝一般比普通枝生根率高。采条宜在高生长停止前后，嫩枝达半木质化时为宜。采条时应避开中午时间，最好在清晨剪穗，为防止枝条失水，采后要立即将枝条基部浸入水中 2~3 cm，并置于阴凉处剪截，做到即剪即药物处理。

2. 嫩枝剪截及处理

嫩枝插穗的长短取决于树种特性和枝条节间的长短。嫩枝插穗一般需要 2~4 个节，长度 5~15 cm，要尽量保留芽眼和叶片，以便进行光合作用，促进生根发芽。一般阔叶树留 2~3 片叶，叶片较大的树种要将所保留的叶片剪去 1/3~1/2，以减少蒸腾。插穗上端要在芽上 2 cm 处平剪，插穗下端要靠近腋芽，注意不要撕裂表皮。甜叶菊扦插采用的是鲜嫩的枝条扦插，首先对嫩枝进行消毒，然后将扦插的苗床做好消毒。鲜嫩枝剪口处用戊唑醇 2 000 倍液或乙蒜素 1 500 倍液进行消毒，然后再插入苗床。扦插深度以 1~3 cm 为好，便于通气。扦插前用 ABT 生根粉、吲哚乙酸、萘乙酸等植物激素对嫩枝进行处理，可以大大提高扦插成活率，生产上最常用的、效果最好的激素是植物生长调节剂（GGR）。使用时，将 GGR 配制成 $50×10^{-6}$ 的溶液，再将插条基部放入溶液中浸 3~24 h。

3. 土壤选择及消毒

为提高扦插育苗质量，苗床准备颇为重要。选择肥沃的沙壤土、水源方便、地势较高的（北方地区 8 月至翌年 2 月底扦插选用高温大棚，3 月扦插选用拱形春秋棚）高温大棚或拱棚建立苗床。在扦插前 10 d 做好苗床准备，先翻地，深度 15 cm 左右，然后耙碎拉平，苗床的土壤要细碎疏松，选用腐熟农家肥 30~45 m^3/hm^2，施复合有机肥 300 kg/hm²。翻地前可用 5% 辛硫磷颗粒剂 30~45 kg/hm² 防地下害虫；用 75% 五氯硝基苯 50 kg/hm² +代森锌 40 kg/hm²，混合适量的细沙拌匀撒施在苗床，用钉齿耙使药沙混入土壤，对苗床土壤进行消毒。床面宽度 1.2~1.4 m，床面铺 2~3 cm 厚的细沙，将床面用木板刮平。为给苗床创造湿润的土壤条件，便于插条入土，有利于生根成活，应在扦插前 3 d 浇足水分，提高土壤湿度，使田间相对持水量不低于 80%。

为防止因通气不畅而腐烂，要求土壤的透气性、保水性要好，可用 70% 的黄心土（或菌壤土）、20% 的细河沙、10% 的谷糠灰，过筛拌匀后使用。土壤要严格消毒，少量的土壤可采用高温消毒法，例如锅炒法（将土壤倒入温度为 120~150℃ 的铁锅中炒 30~50 min）、水煮消毒法（将土壤倒入装有水的锅内加热到 100℃ 煮 1 h，滤水、晾干），大量的土壤一般采用药物杀菌法，例如多菌灵消毒法（用 50% 的多菌灵粉剂 50 g 均匀拌入 1 m³ 的土壤内，用薄膜覆盖 3~4 d，揭膜 1 周后可用）、福尔马林消毒法和代森锌消毒法等。

4. 扦插方法

幼苗扦插首先采用育苗打孔器在苗床表面打孔，扦插苗的株行距为 3 cm×3 cm，扦插深度一般在 2.5~3 cm，插入土中的一头不能带叶，插后要将插条旁的泥沙适当压实，使插穗与土壤紧密接触。扦插后浇足地水，然后搭建小拱棚。覆盖薄膜，再加盖遮阳网，保温防晒，促进土下叶节生根。

5. 嫩枝扦插的管理

甜叶菊扦插是嫩枝带叶扦插法，因为嫩枝木质化程度较低，内源生长促进物质较多，细胞分生能力强，所以生根容易；带叶扦插不仅能进行光合作用，提供生根所需的营养物质，而且还能够合成内源生长素刺激生根。带叶扦插对环境条件要求很高，必须创造一个适宜的温度和高湿环境条件，才能保证插穗在生根前不失水萎蔫和生病腐烂。

嫩枝扦插对温度、湿度和光照度要求非常严格。适宜的环境湿度和生根温度，是做好嫩枝扦插成败的关键。嫩枝扦插要求空气相对湿度在 80%~95%，温度控制在 18~28℃，同时，还要有适宜的光照条件，因此，一定要做到以下几点。

（1）**湿度控制** 湿度是扦插成活的主要因素，插条在生根前不能失水，否则，会造成扦插失败。此时，插穗新根还没有生成，无法供给水分，而插穗的茎段和叶片因蒸腾作用而不断失水，因此，要尽可能保持较高的空气湿度，以减少插穗和苗床蒸发水分消耗，使嫩枝不萎蔫。甜叶菊扦插苗床的湿度既要适宜，又要透气良好，一般维持土壤最大持水量的 60%～80% 为宜，空气湿度为 80% 左右。扦插后应立即洒水，尽量减少叶片的蒸腾作用，同时，有利于插穴土壤沉实。要掌握好洒水量，每次洒水要足，但以不溢水为宜，生根前每天洒水 1 次，生根后每 2～3 d 洒水 1 次。扦插后，需要立即浇一次透水，即可使土壤与切口紧密接触，又可提高土壤湿度。如果是采用大棚或拱棚扦插，可在棚内采用喷雾式喷水的方式，以提高空气湿度，喷水量不宜太大，尤其是土壤内不能积水，否则易导致插条下端死亡和腐烂。喷水量一般以每天 2～3 次为宜，高温时可喷 3～4 次。

（2）**温度控制** 插穗生根需要的最低温度大约在 15℃，最适温度一般为 20～28℃，平均适温为 25℃。在最适温度范围内，随着温度的上升插穗生根活力显著增强，生根速度加快，生根率也上升。而在 30℃ 以上时，插穗生根活动明显下降，更容易发病腐烂，所以当苗床内温度超过 30℃ 时，可通过通风、揭膜等措施降温。扦插后 10～15 d，插穗生根后可揭去遮阳网；待幼苗正常生长后，视温度情况揭去小棚薄膜。3—4 月上中旬河西地区的温、湿度达不到这个要求，因此，苗头必须扦插在塑料大棚中的小拱棚内，拱棚上覆盖薄膜，这样可起到增温、保湿、遮阴的作用。用遮阳网覆盖塑料大棚的四周，防止阳光直射，可降低温度，还可用喷水、通风等措施处理。

（3）**光照控制** 光对根系的发生有抑制作用。因此，必须使插穗基部插于土中避光，才可刺激生根。同时，扦插后适度遮阴，可以减少苗床地面水分蒸发和插穗水分蒸腾，使插穗保持水分平衡。但遮阴过度，又会影响苗床土壤温度。嫩枝带叶扦插需要有适当的光照，以利于光合作用制造养分，促进生根，但仍要避免日光直射。甜叶菊为菊科，属亚热带光敏性较强的短日照植物。现蕾开花对光要求较严格，临界日照时数为 12 h。在长日照地区自然条件，夏季易造成甜叶菊花期延迟，或不现蕾开花，或不能开花结实。在河西地区的冬春季，光照时间小于 12 h，为了温棚保温，下午放帘早，早晨揭帘迟，在光温条件适合时，甜叶菊提前现蕾开花。因此，在河西地区甜叶菊扦插育苗时要对大棚进行补光，使其每天连续光照时间超过 12 h，以免大棚的母根苗和扦插苗提前现蕾开花，影响种苗的生长和质量。插条生根、生长，需要阳光照射，但光照过强，易导致温度过高灼伤插条；光照过少，插条光合作用弱、生根能力不强、生长速度慢。因此，在嫩枝扦插育苗时通常采用遮阳网进行遮阴，即在清晨和傍晚掀开遮阳网让阳光照射，7: 30—19: 00 阳光强的时段盖上遮阳网，防止阳光灼伤幼苗。

（4）肥料控制　苗床一般不施肥或少施肥，秋繁苗由于在苗床内生长时间较长，可以适当进行施肥。在插后 15~20 d，幼苗长出新叶后，用 0.2% 的尿素+0.2% 磷酸二氢钾+绿亨一号 3 000 倍液或 500 倍液多菌灵混合叶面喷施，2 月中旬当苗长至 6~8 cm 时将苗穗剪去春插，取完苗后及时浇施水肥或用磷酸二氢钾+多菌灵兑水喷施，使其尽快长出新苗。

（5）病害防治　甜叶菊扦插育苗苗床的主要病害主要有立枯病、菌核病、猝倒病、叶斑病等，防治苗床病害要坚持高标准建立苗床、确立适宜的扦插密度、调控好温湿度，预防为主、科学合理地对症用药。

坚持预防为主：扦插前仔细对苗床土壤进行消毒，并在扦插后到幼苗发根前可用 40% 多菌灵胶悬剂 500 倍液进行喷施，每 5~7 d 喷 1 次，连续喷施 2~3 次，可有效减少菌核病、立枯病等土传菌源对扦插穗和幼苗的侵染和为害。这样在防病的同时也促进苗的生长，增加了苗的抗病能力。

坚持对症用药：要结合苗床病害发生的种类和为害程度，选用正确的药剂进行防治。菌核猝倒病可选用40%多菌灵胶悬剂500倍液，或70%甲基硫菌灵可湿性粉剂800倍液进行喷雾防治；立枯病可选用80%的波尔多液可湿性粉剂300倍液防治；叶斑枯病可用30%的苯醚甲丙环唑水分散粒剂（或25%苯醚甲环唑乳油）环唑1 000倍液，或75%的百菌清可湿性粉剂800倍液，进行均匀喷雾防治。

6. 嫩枝生根后的管理

（1）炼苗　插条生根后，要逐渐增加透光强度和通风时间，使其逐步适应外部环境。

（2）及时移植　插条成活后，要及时移植，可移到苗圃地或营养袋内。移植后，同样要重点管护：移栽初期要采用遮阴、浇水等措施，成苗后要做好除草、抹芽、松土和防治病虫害等实现。

7. 母苗的选择

优良品种的母苗，是繁育优质种苗的首要条件，根据"3高1抗"，即叶产量高、总苷含量高、RA苷含量高、抗性强的品种标准选择母苗。以产量高于5 250 kg/hm²、总苷占干叶14%以上、RA苷含量占干叶10以上、RA/总苷高于65%的标准进行选择。母苗来源一是由育种者提供的优良品种，经过品比试验、生产试验获得的优良株系扦插母苗；二是通过品种引进，生产试验，产量测定和品质鉴定，选出抗病、丰产、含苷量高、纯度高的大田种植扦插苗作母苗。

8. 种苗的去杂保纯

品种的纯度对甜叶菊干叶的质量和品质起决定作用，品种纯度越高，糖苷含量就越高；如果品种杂株率在30%以上，甜菊糖苷含量就会下降20%以上。因此，在甜叶菊母根选择中，要注重对优良品种进行防杂保纯，及时拔除特征特性不一致的杂株。

（1）大田母苗筛选　用作繁育的母苗必须进行筛选，对已选定的品种地块，在甜叶菊移栽成活后，就要逐行逐株进行检查，对生长性状、叶片形态与品种原有特性不符的杂株带根拔除，确保大田母苗纯度达到90%以上。

（2）苗床去杂　在苗床内进行品种的去杂保纯是保持优良品种纯度的关键所在。扦插育苗时，当插穗生根并进入正常生长后，根据幼苗叶片的形态特征对苗床逐行逐株进行检查，拔除所有形态特征不一致的杂株，一般在甜叶菊育苗阶段要去杂2~3次，保证纯度。

（3）移栽前复检　在甜叶菊起苗前，结合去除杂草环节，对形态特征不一致的杂株再次进行去除，力争确保种苗纯度达100%。

9. 老根移植越冬

为了充分利用甜叶菊的种质资源，选择优良品种扦插苗栽培的大田老根，为其创造适宜的温湿度条件，老根根节部即可萌发一定数量的幼苗，幼苗生长到4~5对叶片时，用作扦插繁苗的插穗。

（1）高温大棚的选择　选择交通方便、排灌方便、保温良好、设施齐备的高温大棚。大棚的土质要求耕作层深厚、富含有机质、质地疏松、保水保肥能力强的中性或弱碱性的沙壤土。

（2）移植床准备　移植前要对移植床进行深翻，用5%辛硫磷颗粒剂 30~45 kg/hm² 预防地下害虫。用 75% 五氯硝基苯 50 kg/hm² 与适量的细沙混合拌匀后撒施在移植床，然后耙地混匀，对防治由土壤传播的炭疽病、立枯病、猝倒病、菌核病等有特效。

（3）母根移栽　对选择好准备做母根的田块，收获时保留茎秆高度 3~5 cm，在收获后 7 d 左右选择晴好天气，将选择的健壮老根挖起，整理并清除残留枝叶，按株行距 6 cm×10 cm 的密度进行移植，每 1.2 m 宽幅留 40 cm 的操作行。在移植床横向开沟，沟深 10 cm 左右，然后再将老根整齐立式排放于沟内，覆盖细土，栽植不宜过深，覆土以平盖老根原种植土线为准，然后在上面覆盖1 cm厚的细沙，再浇水，将根坐实。为了充分利用老根萌发的幼苗作插穗，尽可能在9月下旬提前栽植老根，并将棚内的温度提高到20~30℃，相对湿度为80%左右，促进老根萌发，40 d后就可利用老根萌发的幼苗作插穗。

第五章

甜叶菊栽培技术

一、耕作与轮作

甜叶菊生长对土壤类型及肥力状况要求较低，适应范围较宽，这是因为甜叶菊原产地以沙壤为主，土壤肥力低，人工栽培后，一般条件均优于其原野生场所土壤肥力。甜叶菊生长环境要求 pH 值 4.8~8.2，含盐量 0.07%~0.3%，有机质 0.74%~2.55%，不论熟化与否的土壤均能适合甜叶菊生长。土壤类型不同，甜叶菊地下部根系生长差异明显。土壤通气良好，保水保肥力强，有机质丰富，有利于根系生长，促进甜叶菊的生长和有机物质的积累。

1. 耕地与整地

为了更好地发挥耕地作用，提高移栽或直播质量，精细整地具有重要意义。一般说来，甜叶菊移栽比较容易获得全苗，但要达到苗齐苗壮，还需一定的条件，移栽时幼苗不整齐，矮株的生长发育将会受到高株的影响。直播田需播种前整平地，疏松土壤，使含水量适宜，播种均匀一致，覆土厚度一致，才能出全苗。因此，播前或移栽前，精细整地，是保证苗全、苗齐、苗壮的先决条件。因为甜叶菊是浅根系多年生作物，二至四年生甜叶菊主要是宿根数增加，一年生根数 10~35 条，二年生 50~80 条，三至四年生百条以上，根系营养基础好，根系发达，所以二至四年生植株显著增产，但甜叶菊属于多年生草本植物，每年收割1~2次，每收割1次根系受到一定损失，即老根死亡，发出新根，抽出新芽，才能继续生长形成第2次产量。如果甜叶菊1年割2次，4年割8次，甜叶菊一生要8次或更多次根系受到严重损失，新陈代谢，产生新根，重新抽出新芽。甜叶菊每次收割都在高温强光下进行，甜叶菊老茬若营养生长不足，就会造成大量植株死亡，或留茬抽不出新芽。要使老茬能抽出苗壮新芽、正常生长，除了留茬高度要适当高些外，一定要保证耕作层有疏松保水、养分充足的生长环境。因此，要取得甜叶菊的高产，深耕整地，施足底肥，以肥养土，以土养苗，是十分重要的。

（1）耕地原则　在可能条件下，争取时间尽早耕地，是充分发挥适耕作用特别是深松作用的重要环节。耕地后，距离移栽的时间越长越好，这期间土壤可进一步熟化，同时有利于土壤接纳雨水，夯实土壤。但是，如果土壤风蚀严重，或秋季雨水过多，地势低洼和潮湿地区，土壤宜耕性差，不宜耕作时，也可在早春进行整地。只有掌握好土壤宜耕时间，才能保证耕地质量。一般在土壤最大持水量达到40%~60%，宜耕性最好，此时土壤的凝聚性、黏着性、可塑性均减至最小限度，耕地的阻力小，容易散碎，过干过湿阻力大，容易形成泥条和土块，影响耕地质量。黏土宜耕时间短，必须抓紧时间；壤土宜耕时间中等，需要看墒情耕地；沙土宜耕时间长，可以随时耕；高燥地早耕，低洼地迟耕。

甜叶菊地的耕翻深度，应当根据甜叶菊生育时期对土壤的要求，不同土壤有不同熟化的深度和条件，要因地制宜，合理确定。1~4年生甜叶菊植株，根系在表土10 cm以内，占全部根群的46.9%~71.2%，0~20 cm占83%~90.3%，21~40 cm仅占9.7%~17%。从甜叶菊根系在土壤中的分布及生长看，一般不超过35 cm，多分布在20 cm以内，因此，耕层深度在20~25 cm足以满足甜叶菊根系进行正常生理活动的需要。

（2）耕地的方法　正确的耕地方法是保证耕作质量的基本措

施。机械耕地的主要优点在于能提高劳动生产率，做到适时耕地，不误农时，并有利于采用耕、耙、耢、压等复式作业；能更好地发挥效果，提高质量；尤其对于保墒，提高甜叶菊移栽苗的成活率，有更重要的意义。目前，种植甜叶菊小块地较多，用悬挂式犁较好。耕地时，每个主犁前端要安上小铧，小铧耕宽23 cm，耕深可在8~12 cm范围内调整。小铧耕后土层松散，地表平坦，质量较好。在采用机引犁深耕25~27 cm时，由于深翻土作用，往往会翻出生土，混入表层，对甜叶菊生长不利。因此，在土层深厚肥沃、底土肥力较大、易于熟化的土壤上，可以耕得深一些，但也必须早耕，使土垡有充分暴晒和散碎的时间。在相反的情况下，则不宜耕得过深，以免表层掺入生土过多，影响甜叶菊生长。可采取浅翻深松耕法，土壤在原处松动，但一般还存在阻力大、效率低的缺点。在组织耕地作业时，必须预先作好准备，根据地势不同和地形长短采用开垡法、闭垄法及环形法。要求耕作时无论哪种方法，必须做到地面平，犁垡平，不漏耕，没有明显的开闭垄。

（3）整地技术 为了给甜叶菊创造良好的生育条件，首先要整好土地，不同土壤条件、不同种植方法，整地内容也不同。垄作、旱作、畦作、旱地、涝地等，在整地上都各有侧重。

前茬处理：栽种甜叶菊的前茬，在北方主要是小麦、大豆、玉米和薯类等。灭茬是保证秋耕地质量的必要措施，也是保墒的重要手段和精细整地的第一步骤。前茬不同，灭茬的方法也不同，对根茬较大的作物，如玉米、高粱等，或是垄作经过培土的根茬，必须拾茬破垄，或人工刨茬，拾出根茬，然后秋耕；对根茬较小的作物，如大豆等，可用犁进行浅耕灭茬，或直接通过一次秋冬深耕翻埋浅茬；有机耕条件的地区，可以用圆盘耙浅耙1~2遍，将前茬切碎，然后秋耕。北部地区，结冰较早，来不及秋耕的地块可根据不同作物选用上述灭茬方法，实行灭茬保墒，接纳雨雪，以免白茬被风吹日晒，损失大量水分，导致土壤坚实，春耕时费力，影响整地的质量。

耕后整地：深耕整地的方法及工具，在全国各地都有自己的特点，山地、平原、干旱区、低洼地、海涂、沙性土及黏性土土壤性质不同，深翻整地方法也不同，应综合考虑地势高低、土壤湿度，以及冬季雨雪多少。晒垡有两种不同作用，一是促进熟地，二是促使过多水分蒸发。在冬季雪少、春季干旱地区，耕后必须耙耱保墒，不须晒垡；低温易涝地区，或雨雪较多，有水利保证时，就可以晒垡。在土壤疏松或土块多、风沙大的地区，为了碎土、保土、保墒，深耕后镇压十分有效。在机械化程度较高的地区，可结合秋季深耕，根据具体情况，采用耕、耙、耱、压连续作业，提高整地质量。有水利条件地区，秋耕后应根据土壤墒情进行冬灌蓄水，以利春耕整地播种。

播种前的整地：早春开始解冻时进行耱地、耙地，一般称为"顶凌耙地"。纬度不同，整地时间也不同，甘肃河西地区在 3 月 5 日至 20 日较好。北方各省种植甜叶菊，早春顶凌耙地的作用更为明显，不论秋冬耕后已耙或未耙，在早春一定要耙 1~2 遍。

2. 轮作

轮作是指在同一块地上，在一定年限内，依照前后作物互相有利的关系，有计划地轮种不同作物的一种合理耕作制度。甜叶菊与其他经济作物一样，在同一块地上长期连种，病害增加。在低湿地上种植甜叶菊，白绢病发病率第一年为 0.8%，第二年为 7.4%，第三年为 18.7%。特别是叶斑病的为害，许多种植户反映"头年看不见，二年一点点，三年很明显"。在肥料吸收方面，甜叶菊对肥料种类及土壤微生物等各有自己的选择要求。长期连作也易造成地力消耗大，肥力减退，影响产量与品质，所以实行合理的轮作制度，是取得单位面积高产和高效益的重要技术措施。因此，要根据当地耕作习惯、茬口安排，进行合理轮作。

甜叶菊的前茬以豆科作物为好，其次是麦茬、玉米茬、水稻茬、甘薯茬。甜叶菊一定不要种在白菜、大葱等蔬菜为前茬作物土地上，更不要种植在菊科作物的前茬作物土地上。白菜很多叶部病原菌容易感染甜叶菊叶部，引起病害。此外，甜叶菊本身是菊科植物，在没有正式确定甜叶菊在轮作体系中的地位时不要同菊科作物轮作。

甜叶菊在我国种植年限尚短，面积还比较小，因此，还没有作系统的研究，形成一个完整的轮作制度。但就全国来看，根据气候条件以及能否安全越冬，大致可分为一年生（宿根当年翻耕掉）和多年生（宿根留地连种3~4年）两个类型多种轮作制度。

一年生栽培主要是指华北、东北、长江以北甜叶菊不能自然越冬地区，其轮作方式有：甜叶菊—小麦；甜叶菊—豌豆、马铃薯地套种；豆、麦—春栽甜叶菊（翌年倒茬）；冬闲地（豆科、禾本科作物茬口）—春栽甜叶菊—翌年小麦；甜叶菊—玉米—大豆；小麦—甜叶菊—大豆。

二、施肥

1. 甜叶菊的吸肥特性

甜叶菊在原产地的野生环境条件下，植株矮小，分枝亦少，个体生长量很少。甜叶菊从野生条件下转变为人工栽培仅50余年历史，由于长期对原产地土壤条件的适应，使它形成了对肥料要求不高，表现出高肥条件下并不一定高产的特性。但随着栽培驯化和人工选择的进展，其株高、分枝和叶片等营养器官的生长量均大大增加，耐肥高产品系相继出现，因此，采用高产品种，并根据其需肥规律和栽培条件合理施肥，就成为提高产量和改善品质的重要生产措施之一。

甜叶菊在整个生长发育过程中都需要从土壤中吸收各种营养元素，以满足生长发育的需要。不同种类的营养元素，对甜叶菊生长发育的作用各不相同；而甜叶菊不同生育阶段，对营养元素的要求也各有特点。因此，认识和掌握甜叶菊的需肥特性，是做到合理施肥的重要依据。

必需的营养元素种类主要有碳、氢、氧、氮、磷、钾、钙、镁、硫、铁、硼、锰、锌、钼、铜等。其中，碳、氢、氧是从空气和水中获得，其余元素从土壤和肥料中吸收。甜叶菊从土壤中吸收的营养元素，又可根据需要量的多少分为大量元素和微量元素两大类。大量元素有氮、磷、钾、钙、镁、硫，其中，以对氮、磷、钾的需要量最大，一般情况下仅靠土壤供应难以满足需要，必须经常以施肥方式补充供应，故称肥料的三要素。钙、镁、硫3种元素，一般土壤中不会缺乏，能满足甜叶菊的需要。甜叶菊对微量元素铁、硼、锰、锌、钼、铜需要量微小，而且供应过量还会引起毒害作用，但当土壤中缺少时也会影响甜叶菊的正常生长发育。

施肥，尤其是施用氮肥可显著提高甜菊的产量，且甜叶菊对氮和钾的需求主要在营养生长阶段，在花期仅吸收少量的磷；在整个生长过程中，甜叶菊对肥料的需求量从大到小依次为钾、氮、磷。有研究者认为，从产量和成本上考虑，甜叶菊的总施肥量应控制在900 kg/hm^2，氮、磷、钾肥的质量比为3：3：1，且氮肥底肥与追肥的质量比为1：4。合理配施氮、磷、钾肥可提高甜叶菊的株高、茎粗、叶长、叶宽、叶中光合色素含量和单株叶干质量，而不合理配施氮、磷、钾肥则对上述指标产生负面影响。氮肥对甜菊单株叶干质量的影响最大，这可能是因为氮素是组成植物体内蛋白质的主要成分，参与植物所有的生命活动和代谢过程，增施氮肥可增加植物叶片的光合面积，提高叶片的光合速率，利于植物的营养生长。

氮、磷、钾肥配施对甜菊生长、产量及糖苷相关指标有重要影响。一般认为，氮肥对甜菊株高、茎粗、叶宽、叶中光合色素含量、单株叶干质量、SV和RA含量及RA和总苷单株积累量的影响最大，而钾肥对其叶长、总苷含量和SV单株积累量的影响最大；磷是细胞质和细胞膜的主要成分，增施磷肥可促进植物生长和花芽分化，促使株高增大；钾虽然不参与植物体内有机物质合成，但能够促进植物细胞的呼吸进程以及细胞内核酸和蛋白质的形成，增施钾肥可改善植物细胞内叶绿体的结构和功能，从而提高叶中光合色素含量。研究结果表明，只有合理配施氮、磷、钾肥才能达到甜菊的最大增产效应，任一肥料不足或施用过量均不利于甜叶菊生长，从而影响其产量。说明合理的施肥配比应符合甜叶菊生长的营养吸收规律。

最高产量并不是最佳产量，应结合理论实验和生产实践提出更加合理的施肥方案，不但能降低施肥成本，提高经济效益，而且更利于维持土壤肥力，促进生态环境优化。

（1）氮　氮素养分是以 NO_3^- 或 NH_4^+ 形式吸收，经过一系列的转化和合成过程，参与氨基酸、蛋白质、核酸、叶绿素、磷脂等含氮有机物的形成以及生理机能中的物质代谢过程，所以，甜叶菊对氮素反应极为敏感。适量供应氮素营养可促进根、茎、叶的正常生长，增加叶面积，提高叶片产量。在生殖生长阶段，氮素与磷素适量配合，可促进甜叶菊早现蕾，增加花蕾数，提高结实率。氮素供应必须适量。氮素过多时，会导致茎叶徒长，节间拉长，生长嫩弱，叶片薄，容易倒伏和严重感染病害，下部叶片过早霉烂，致使叶片产量、风干率以及叶片与茎枝比例下降，品质降低。

甜叶菊缺氮的特征：植株生长受到抑制，植株细弱，茎叶生长减慢，叶片减少，叶面积小，叶片呈黄绿色，淡而无光，下部叶子首先发黄，变黄从叶尖开始。及时补足氮肥，可以消除和减轻症状。

（2）磷　甜叶菊对磷的需要量次于氮和钾。磷通常以磷酸态被吸收，对光合作用和蛋白质形成起重要作用。磷素在分生组织和种子中含量最丰富，能促进种子萌发和根系发育，增强幼苗代谢等和抗逆能力，促进开花结实和种子成熟。甜叶菊生育前期施适量磷肥，地上部和根系发育都得到改善。磷素过多时，会增加植株体内无机磷化合物的积累，同时，也破坏了磷脂与核蛋白之间和氮与钾之间的正常平衡，同样会导致甜叶菊的新陈代谢失调，使叶片产量下降。磷素供应不足时，碳素和氮素代谢受阻，芽和根的细胞分裂受抑制，营养生长和生殖生长均受到影响。

甜叶菊缺磷的特征：幼苗根系发育细弱，生长缓慢，叶片呈紫红色。有的品种类型叶子刚出土时也呈微紫红色，但这种正常苗叶色鲜艳且有光泽，与缺磷苗不同。缺磷苗呈现的紫红色，是因为磷素不足，碳水化合物的代谢受到影响，叶片积累的大量糖分形成花青素的缘故，特别是在第2~3对叶片时期，根系不发达，若土壤又比较干旱，则出现缺磷症状。长到第4对叶子后，根系吸收能力增强，即能使紫红色消失。极端缺磷时，叶片发黄，其特征与缺氮时的变黄状态相似，必须通过对植株进行分析才能确定是缺氮还是缺磷。因为磷是氮素同化的必要元素，缺磷时即使植物内部含有充足的氮素，但因代谢过程受阻，仍然会使植株感到氮素不足。

（3）钾　钾是甜叶菊体内含量最多的营养元素之一。干燥的甜叶菊组织中，钾易被水淋洗出来。钾能促进甜叶菊碳水化合物的合成和转移，提高叶片继续光合作用的能力，使机械组织发育良好，厚角组织发达，提高抗倒伏的能力。甜叶菊对钾素的需要量略低于氮素，在高氮的情况下，增施钾肥比增施磷肥产量高，仅提高氮的用量产量反而下降。在施氮、磷基础上增加钾素营养，不仅分枝得到增加，更有利于甜叶菊糖苷的运转、合成和积累。钾素过多时会影响植株对钙、镁的吸收，同样会出现不良反应，例如使植株各部风干率降低，开花株率和种子产量下降。

钾素是所有生物的必需营养元素，也是植物生长发育过程中不可缺少的重要养分，能直接影响植物光合作用、呼吸作用、氮代谢、抗性等，最终影响到植物的产量和品质。甜叶菊属喜钾作物，土壤中钾素供应状况不仅决定着甜叶菊生长发育对钾素的满足程度，同时也决定着施用的效果、用量和方法。试验可在土壤有效钾含量较低的条件下进行，结果表明，通过施用不同水平的钾肥，收获期甜叶菊产量随着施钾量的增加而增加，但是当钾肥用量超过

120 kg/hm^{2}时，已经不再增加，因而降低了甜叶菊种植的经济效益，其原因可能是随着施钾量的增加，土壤中氮、磷、钾比例失调，反而降低了甜叶菊对养分的吸收，因此，降低甜叶菊叶片产量。

施用钾肥会明显提高甜叶菊的产量，提高甜叶菊的生长速率，增加经济效益。在逐渐增加钾肥的用量时，甜叶菊的株高、茎粗、叶面积、出叶速度都会增加，同时，钾肥过量会抑制甜叶菊的生长特性，在甜叶菊生长后期钾肥的浓度降低对甜叶菊的生长起到促进的作用，这也证实过量的钾肥对植株早期的生长不利。在一定范围内随着钾肥用量的加大，甜叶菊的产量会随之增加，当钾肥的用量超过一定的量时，甜叶菊的产量不会增加。施用适量的钾，甜叶菊在生育中前期就能达到较大的叶面积系数。在一定范围内，随氮肥和钾肥施用量的增加甜叶菊产量增加。而施钾量超过此范围时，将会产生负面影响。

甜叶菊缺钾的特征：幼苗期生长缓慢，叶片黄绿或黄色，叶边缘及叶尖干枯。成长的植株缺钾和幼苗缺钾相似，下部老叶发黄，并逐渐向中部叶片发展。严重缺钾植株细弱，根部发育不良，容易倒伏。

（4）钙、镁、硫　在一般土壤中，钙、镁、硫的含量丰富，不需以施肥形式补充其含量。但在强酸性土壤中，钙和镁的有效含量降低；特别是在多雨地区的酸性沙质土壤中淋溶作用强烈，会使钙、镁流失过多而感到缺乏，应根据情况加以补充施肥。pH 值低于 5.5 的酸性土壤上施用石灰，既能中和土壤酸性，又能增加钙质供应，有一举两得之效；pH 值大于 8 的碱性土壤可施用石膏，以补充钙质和调节土壤酸碱度。

（5）铁　缺铁时产生缺绿症状，因铁在植物体内移动性差，缺绿症状首先在嫩叶上发生。甜叶菊对铁的需要量很少，一般土壤不会缺乏。在强碱性土壤中，铁的有效性降低，易发生铁素供应不足；在强酸性土壤中，含铁量多，易引起毒害作用。

（6）锰　甜叶菊所需的锰可由土壤和根外施肥供给。土壤中锰的可给性主要由土壤条件决定，其中，以土壤酸碱度、氧化还原电位和土壤通透性的影响为最大。在土壤呈碱性、质地粗、通透性好的条件下，锰以植物难以吸收的状态存在，所以，缺锰多发生在质地较轻、通透性良好的石灰性土壤。反之，在南方的红壤和砖红壤中，除了在成土过程中有一定的锰富化现象外，由于酸性的土壤反应，二价锰离子态的锰含量也较多。在石灰性土壤上，植物所需的锰主要是由易还原态锰供给，锰的可给性很低；而在酸性土壤上主要由水溶态锰和代换态锰供给，锰的可给性很高。甜叶菊生育期间喷 0.1%高锰酸钾，平均每株产量比对照增产 29.1%。锰是许多酶的活化剂，对作物体内的多种生理生化过程有很大的影响，可以直接参与光合作用。在光合作用中，锰参与水的光解和电子的传递作用，加速碳水化合物转移等功能。锰肥也影响着氮、磷代谢，在一定程度上锰能增强植株体内的碳、氮代谢过程，在缺锰的条件下，硝酸还原酶和亚硝酸还原酶活性降低，影响碳碳、碳氮代谢，同时，锰元素充足可以提高作物的抗病性。

（7）硼　硼是植物花器官发育的重要元素，直接影响作物的开花和产量。硼能与游离态的糖结合，使糖带有极性，从而使糖容易通过质膜，促进其运输；硼与核酸及蛋白质的合成也有一定的关系，缺硼时提高 RNA 酶活性，加速 RNA 降解，蛋白质合成受阻，细胞代谢紊乱导致可溶性蛋白、淀粉、核糖含量减少及植株体内游离氨基酸大量积累。

甜叶菊是以产叶为主的植物，对硼的反应不明显。土壤中硼的临界缺乏含量为 0.5×10^{-6}。张学才在甜叶菊生育期间喷 0.5%硼酸，发现对甜叶菊无促进生长和增产作用。

（8）钼　钼肥参与碳、氮素代谢。在氮代谢方面，钼是酶的金属组分，可以发生化合价的变化，促进有机态磷的合成，影响磷酸和焦磷酸酯类的化学水解作用，并能改变植物体内有机磷和无机磷的比例，缺钼时，硝态氮的还原过程受阻，蛋白质的合成受到抑制，于是变为黄绿色；在碳代谢方面，缺钼植株功能叶片叶绿素含量下降，从而使植株的光合能力下降，导致光合初级产物含量下降。

从我国土壤状况分析结果可以看出，北方缺钼土壤主要是含钼量偏低，不论全钼或有效态钼都偏低；南方缺钼土壤主要是红壤等酸性土壤，含钼量并不低，但由于酸性反应下钼的可给性很低，有效态钼少，一般低于 $0.5×10^{-6}$，不能满足植物的需要。在苗期喷 0.17% 钼酸铵，同对照（清水）比较，平均增产 24.8%。缺钼时，硝态氮的还原过程受阻，蛋白质的合成受到抑制，叶色变为黄绿色。

（9）锌　锌肥是作物体内多种酶的成分，参与作物的光合作用、呼吸作用和碳水化合物的合成。锌通过影响代谢而影响蛋白质合成，从而导致植株体内游离氨基酸积累，锌是影响蛋白质合成最为突出的微量元素，在植物的生长发育中起着重要的作用。锌能够增强根系对氮和磷的吸收，促进植株的旺盛生长。

锌的营养与磷的水平有关，在判断植株锌素营养状况时，除测定叶片含锌量外，常以植株内的锌、磷比作为诊断指标。土壤偏碱性时易发生锌的供应不足。土壤有效锌的临界值为 $3.1×10^{-6}$。在甜叶菊分枝盛期喷 0.05% 锌素，叶片增产 16.9%。

（10）铜　我国大部分土壤含铜量丰富，容易发生缺铜的沼泽土及泥炭土面积很小，零星分布。

2. 甜叶菊植株对氮、磷、钾的吸收和分配

甜叶菊吸收氮、磷、钾等各种营养元素，以满足生长发育的需要。从吸收的全过程来看，它既有纵观的连续性，又有横向的阶段性；而且吸收的氮、磷、钾在各器官中的分配也不一样。

干物质积累与氮、磷、钾的吸收动态：随着甜叶菊植株生长由小到大，地上部物质的积累量也日渐增加，按各生育阶段干物质的增长速度则呈现前期缓慢，中期加快，现蕾期达到高峰，此后又急

剧减慢的趋势。这是由于前期温度低，植株小，营养吸收和有机物质的合成能力受到限制；以后随着温度的升高，根系活动加强，植株各部器官日渐发达，光合产物的积累也迅速增加；至现蕾期以后，植株由营养生长转向生殖生长为主，营养器官根、茎、叶的增长趋于停止和衰落，而生殖器官的增长又相对缓慢，使干物质积累速度也趋于下降。

氮素的吸收动态：甜叶菊体内氮素的相对含量（占干物质的百分含量）苗期较高为 2.22%，分枝期达到最大值为 2.76%，以后逐渐降低。这主要由于甜叶菊分枝期以后，茎枝渐趋木质化，使植株体由碳水化合物所组成的木质素、纤维素和半纤维素所占比重日渐增长所致。氮素的积累量则从苗期到现蕾期逐渐增多，现蕾期之后又渐减少，表现为苗期的累积量少且慢，占总吸收量的 11.8%，日吸收量为 55.65 g/hm^2；进入分枝期之后，氮素积累较多且快，至现蕾期达到高峰，累计吸收量达 100%，日吸收量为 407.85 g/hm^2；到开花期累积量反而减少，为最高值的 72.7%，日吸收量出现负值。这是由于生育后期营养生长渐趋停止，生长重点转向生殖器官，营养器官的氮素营养向生殖器官输送，再加上生殖器官所需的氮素较少，自土壤中吸收的氮素量大为减少；另外，由于下部叶片霉烂脱落等原因，致使氮素积累量入不敷出，而成为负增长。

磷素的吸收动态：在整个生育期间，甜叶菊植株体内磷素的相对含量逐渐降低，而积累量则逐渐增加。积累量则从苗期到开花期逐渐增加，但仍以现蕾期的积累速度最快，日吸收量为 134.25 g/hm^2。

钾素的吸收动态：甜叶菊对钾素的吸收动态与对氮素的吸收动态趋势基本一致。植株体内钾素的相对含量苗期最低，为 1.7%；分枝期达到最大值，为 3.83%；以后逐渐下降，这与贮存形态的多糖类积累有关。钾素积累量的变化特点是苗期积累量少，速度慢；进入分枝期之后，积累量多，速度快；至现蕾期达到高峰，到开花期积累量反而低于现蕾期。这是因为甜叶菊生育后期基本停止对钾的吸收，再加上根系外渗和地上部淋失等原因，而使钾素的积累量反而降低。

甜叶菊不同生育阶段吸收氮、磷、钾的特点：甜叶菊在不同生育阶段，植株内氮、磷、钾的相对含量和积累数量，均有显著差异，说明甜叶菊不同生育阶段的需肥特点也有差别。

甜叶菊各生育期的需肥规律：苗期生长缓慢，根系不发达，吸肥力弱，吸收养分的比例较小，施肥量约占全生育期施肥量的30%。移栽缓苗后植株生长发育速度加快，到分枝现蕾阶段，植株生长繁茂，地下根茎处产生许多次生根，地上部形成大量叶片和分枝，吸收养分能力强，对氮钾的吸收量达75%，对磷的吸收量达25%。现蕾开花期以后需肥量下降，故甜叶菊的施肥重点在茎叶繁茂生长阶段。

出苗到分枝阶段生长器官以根系、主茎、叶片为主。这一时期气温较低，植株小，根系尚不发达，吸收能力弱，植株体内氮、磷、钾的相对含量（占干物质重%）较高，而积累吸收的绝对数量较少。这个时期的施肥要点是既要满足甜叶菊植株对各种营养元素的需要，促进其正常生长，为下一阶段的生长发育打好营养基础，也要防止施速效肥过多，造成幼苗徒长等不良后果。

分枝至现蕾阶段为营养生长繁茂期。此时，甜叶菊地下部根茎处产生许多次生根，吸肥能力增强，地上部形成大量叶及分枝并积累许多有机物质，甜菊糖苷量逐渐提高。分枝期植株体内氮和钾的相对含量达到最高值，分别为2.76%和3.83%，磷的相对含量仅次于幼苗期。现蕾期氮、磷、钾的吸收强度（日吸收量）以及氮和钾的积累量均达到最高值，磷的累积量也达到92.7%。该阶段是甜叶菊需肥的关键时期，如能满足其对各种营养元素的需要，可获得最大的增产效果。

现蕾到开花结实阶段，即生殖生长期。此时，营养器官生长渐趋停止，生长中心转移到以花芽形成、现蕾、开花、结实等生殖生长为主。此后，植株体内氮、钾的相对含量下降，积累量减少，只有磷稍有增加，说明植株基本停止自土壤中吸收养分，只要前中期养分供应充足，一般不需再施肥料，最多适量喷施少量根外肥。

氮、磷、钾在甜叶菊各器官中的分配：甜叶菊吸收氮、磷、钾等各种营养元素，合成各种有机物质或无机状态存在于器官中，但氮、磷、钾在各器官中的分布数量是不同的。氮、钾在各器官中的相对含量虽各不相同，但有相同的趋势，以叶片中含量最高，茎次之，根部最少。氮、磷、钾在各器官的总量，则因茎的干重高于叶干重近一倍，而使氮、磷、钾分在茎、叶中的含量差距缩小，但氮的总量仍以叶中最高，茎次之，根中最少；茎和叶中磷的总量相近，根中显著减少；而钾的总量，则茎中为最高，叶次之，根中最少。

3. 甜叶菊的需肥量与施肥量

在甜叶菊栽培中，要做到合理施肥，必须掌握甜叶菊的需肥量、土壤供肥量和施肥量三者的平衡关系，才能达到提高产量、培育土壤、节约肥料和降低成本的全面目标。

甜叶菊吸收氮、磷、钾的数量和比例：平均每产出 50 kg 甜叶菊干叶，植株需要氮、磷、钾的量为氮 2.44～3.07 kg、磷 0.61～0.94 kg、钾 3.64～3.96 kg。其中，氮、磷有随产量的提高而表现降低的趋势，钾在各产量水平间差异不大。植株吸收氮、磷、钾的比例变动在 (1:0.25:1.29) ～ (1:0.31:1.58) 的幅度内。

甜叶菊需要的钾最多，氮次之，磷最少。植株对氮、磷、钾的吸收总量随单产水平的提高而增多，而生产 50 kg 干叶的氮、磷、钾需要和吸收比例，则受单产的影响较少，在制订计划产量指标，确定施肥量时可作参考依据。

土壤供肥能力与施肥效果和施肥量的关系：甜叶菊的矿物质营养，主要靠土壤基础肥力提供，单靠施化肥的作用较小。甜叶菊所需的矿物质营养，氮占 24.8%～34%、磷占 16.2%～20.5%、钾占

29.9%～36.1%，即有66%～84%的氮、磷、钾养分靠土壤基础肥力提供。因此，要获得甜叶菊高产、稳产、低成本，主要应靠增施有机肥料、提高土壤基础肥力，即以肥养土，以土养苗来实现。

在一般土壤肥力条件下，施用氮、磷、钾及其不同组合的肥料，其增产效果依次为施氮钾、磷钾比不施肥的增产88.3%和70.6%，增产效果极显著；而单施氮、磷或氮、磷合施的增产只有3.5%～10.6%，均未达到显著水平。说明钾肥的肥效最高，无论单施或与氮肥、磷肥配合施用，均有极显著的增产效果。甜叶菊施用氮肥或磷肥，以及氮、磷肥混用，均必须与钾肥配合施用才能更好地发挥肥效。

衡量土壤供肥能力，必须全面考虑氮、磷、钾三者中有效含量，如有1～2种缺乏，其他1～2种即使含量极丰富，也难以发挥应有的作用而获得高产。所以，在生产实践中，必须根据甜叶菊对氮、磷、钾的需要数量和比例，参照土壤所能供肥的数量和比例，因地制宜地平衡施肥，才能达到既经济又有效的目的。

在确定施肥量时，还应考虑肥料的利用率。施到土壤中的各种肥料，其营养成分并非完全被甜叶菊吸收利用。其利用率的高低与肥料种类、土壤性质、气候条件和施用技术等有密切的关系。在一般情况下，各种有机肥料当季利用率，氮素为15%～30%，磷素为20%～40%，钾素为30%～60%，因有效成分高低、腐熟分解程度和施用方法而有较大差异；化学肥料的当季利用率，氮素化肥约为30%，磷素化肥为10%～30%，钾素化肥约为30%。影响化学肥料利用率的因素很多，例如有的氮素化肥易挥发，磷素化肥可溶性差，沙质土壤和多雨地区肥料易淋失，强酸或强碱性土壤影响肥料的有效性等，这些都是影响肥料利用率的因子，应加以考虑。

确定施肥量的方法：目前，农作物常采用的科学施肥方法是配方施肥。配方施肥首先进行土壤营养元素含量的测定，根据预期要达到产量需要各种营养元素的数量，减去土壤可供应量，再按肥料质量和肥料利用率折算，则为各种肥料使用量。甜叶菊需肥、土壤供肥和补充施肥受甜叶菊品种需肥特性和多种栽培条件的影响而变动，是甜叶菊栽培中较为复杂的技术，需进一步探讨和全面考虑，准确掌握各个参数，因地制宜灵活运用。

4. 影响肥效的主要因素

甜叶菊需肥特性和产量水平，是确定甜叶菊施肥技术和施肥量的重要依据，但是，施肥效果还与土壤性质、气候特点、栽培技术以及肥料性质和合理搭配有直接的关系。因此，在确定甜叶菊施肥技术时，还必须全面考虑这些条件，才能做到合理、经济、高效用肥。

（1）肥料种类、性能　有机肥料是完全肥料，肥效稳定而持久，施用后逐渐释放出各种营养物质，能源源不断地供给甜叶菊各种矿物质养分，满足甜叶菊生育期间对肥料的需要。增施有机肥料，能够起到以肥养土、以土养苗的效果，保证甜叶菊高产优质。

甜叶菊施肥，应以有机肥为主，无机肥为辅。增施有机肥，配合施用无机肥，不仅比单施无机肥增产明显，还可显著降低成本。有机肥与无机肥混合施用，发病率较单纯施化肥的轻。

甜叶菊常用的有机肥料，主要有厩肥（圈肥、栏肥）、人粪尿、堆肥、绿肥、饼肥等。这些肥料中，有些因碳、氮比值大，分解较缓慢，肥效稳定而持久，如厩肥、堆肥等，为迟效有机肥，宜作基肥用；也有些有机肥碳、氮比值小，分解较快，肥料散发也较快，如人粪尿、饼肥、豆科绿肥等，在施用时间和方法上要同厩肥不同，可作追肥也可作基肥使用。

无机肥料：无机肥料主要指化学肥料，它的成分单一，一般要多种化肥搭配使用才能满足甜叶菊的需要。无机肥料可与有机肥料配合做基肥，也适于做追肥使用。

尿素是酰胺态氮肥，水解成碳酸铵后才能被植物吸收，宜做追肥或基肥。过磷酸钙是酸性速效磷肥，做追肥时应在甜叶菊生长早期集中使用。施用时要注意离根、茎远一点，以防肥害。硫酸钾属生理酸性肥料，作追肥也应在甜叶菊生长早期，开沟深施。复合肥料通常是由氮、磷、钾3种或两种元素的混合物或化合物组成，磷酸二氢钾等做甜叶菊苗期及后期根外追肥效果很好。复合肥料可作基肥和追肥。使用微量元素肥料要因地制宜，并掌握用量适宜。在pH值5.5，还原性锰、有效性钼和水溶性硼含量不足的土壤上，于分枝盛期叶面喷施0.1%硫酸锰、0.05%钼酸铵、0.05%的硫酸锌增产效果明显，喷锰、钼、锌可分别增产26.2%、24.6%和16.9%。甜叶菊营养生长盛期分2次喷施0.1%高锰酸钾、0.17%钼酸铵、20×10^{-6}赤霉素、20×10^{-6}吲哚乙酸，分别增产29.1%、24.8%、46.2%和31.6%。

（2）土壤性质与施肥的关系　土壤类型不同，物理和化学性质也各异，直接影响到供肥和保肥能力，与甜叶菊施肥有密切关系。沙质土壤，透气性强，昼夜温差大，养分分解快，施肥后供应养分较早，但保肥保水能力差，速效性养分易淋失，肥效不能持久。因此，在沙质土上，要增施半腐熟的有机肥料作基肥，改良土壤理化性质，以稳定肥效；追施速效肥料时，应分期施用，减少每次用量，做到勤施薄肥，以保证甜叶菊在整个生育期中不脱肥。黏质土壤，质地紧密，透气性差，肥料分解慢，施肥后肥效发挥较晚，但保肥能力强，供肥时间长。因此，在黏质土壤上基肥宜用腐熟的有机肥，施用速效肥料应减少施用次数，增加每次用量，才有利于提高肥效。

甜叶菊对土壤酸碱度的适应性较广，pH值3.8~9都可生长，以pH值5.5~8较为适宜。在土层深厚、有机质丰富、熟化程度高、带沙性的土壤上，甜叶菊根系发达，对肥料的吸收能力强，长势好，产量高。在施肥时应注意，土壤酸碱度和肥料性质与肥效之间的相互影响。当土壤pH值为6~8时，多数营养元素都处于有效性较高的状态，有利甜叶菊的吸收利用。

（3）气候特点与施肥的关系　影响肥效的气候因素主要是温

度、降水量和台风等。在适宜的地温、土壤湿度条件下，有利于土壤中的养分供应和根系吸收。反之，在旱、涝、低温、酷热和台风频繁侵袭的条件下，既不利甜叶菊正常的生理活动，又抑制有益微生物的作用，也不利于土壤保肥和土壤中养分的分解供应，必须采取适当的农业措施加以补救。

南方地区温度高、雨量充沛、多阴雨天气、中期高温炎热，沿海地区易受台风影响。因此，应增施半腐熟的有机肥作基肥，适当增加追肥次数，以满足生长期的肥料需要。

北方地区甜叶菊生长前期低温干旱，中期高温多雨，后期往往又遇干旱，施肥应掌握基肥与追肥相结合，以基肥为主；基肥要有机肥与化肥结合，以有机肥为主；追肥要前期与中期相结合，以前期为主。这样的搭配施肥，既有利于前期早发棵、生长好，又防止后期早衰，达到均衡生长，优质高产。

（4）栽培技术与施肥关系　甜叶菊的品种特性、种植密度、耕地深度、灌溉条件、栽培制度等，都与施肥有直接关系。甜叶菊品系间，例如含甜菊糖苷高低、分枝性能、现蕾开花早迟不同，对肥料要求也有差异。一般迟花、分枝性强、生育期长、含甜菊糖苷高的，对肥料要求也高，反之，也低一点，要根据它们的特性适量合理施肥。

栽培密度增加时，一般需肥也随之增加，应适当增施肥料。但在高密度高氮肥情况下，甜叶菊植株易徒长郁闭，导致下部叶斑病加重，故应相应增加有机肥料和钾肥的用量。

地膜覆盖，二年生宿根栽培，一般比不盖膜的和一年生的生育期提早，容易导致后期脱肥，应强调基肥，适时多次追肥，才能获得高产。间套种的，比不间套种的需肥量增加，一方面，甜叶菊本身需要肥料；另一方面，间套种的其他作物也要消耗肥料，所以，一般应增加施肥量，并强调基肥和有机肥料配合，追肥要少量多次。深翻土地，增加耕层深度，有利根系发展和扩大养分的吸收面积，也需要相应地增加施肥量，特别要结合耕翻增施有机肥料，达到土肥相融，以利培养地力，提高土壤养分供应状况。

合理施肥与土壤水分情况关系密切。干旱条件下根系吸收养分受到限制，应结合灌溉，才能充分发挥肥料的增产作用。

耕作制度不同，在施肥技术上也有很大差异，如甜叶菊前作、轮作作物的吸肥状况，对土壤肥力消耗状况等。甜叶菊在南方一年收多次，每收割 1 次，根系都受到一定程度的损伤。必须施足基肥，早施勤施追肥，每收割 1 次追肥 1~2 次。在北方多为一年生，1 年只收割 1 次，但从种到收的单一生育期长，则应重施基肥，分期多次追肥。

5. 施肥技术

根据甜叶菊需肥规律，甜叶菊应采取底肥早施，追肥分期施，即前轻、中重、后补的原则。

（1）苗期追肥　我国各地气候条件各异，育苗季节不同，幼苗在苗床生育期长短也不一样，苗床施肥技术也应有别。

我国北方地区多选用肥沃的园地作苗床，在春季保护育苗。在低温、干旱条件下，土壤有机质分解缓慢，苗床施肥应以速效肥为主，以看苗施肥为重点。育苗前期，气温低，种子出苗较晚，出苗后生长缓慢，吸肥力弱，需肥量少，此时不需追肥，追肥不当容易伤苗。待苗长到 2~3 对真叶时，可追 0.3%~0.5% 的磷酸二铵或氮、磷、钾复合肥的水溶液，以促进幼苗生长。此后要看苗追肥，弱苗可间隔 7~10 d 追 1 次，共追 2~3 次，壮苗在移栽前 7~10 d 再追 1 次；徒长苗要控制追肥。

南方气候温和，秋、冬、春播均可。秋、冬播的苗期较长，应施腐熟厩肥做基肥，追肥总的原则是少量多次。一般 2 对真叶时就开始追肥，每 7~10 d 施腐熟人粪尿加水 10~20 倍，用量逐次增加。为防止肥害，应保持苗床湿润，阴天或傍晚施肥，追肥后再喷1 次清水。苗期根外追肥效果好，可用 0.3% 尿素液或 0.2% 磷酸二氢钾液喷施。移栽前 3~4 d，用 0.3% 尿素加 0.1% 甲基硫菌灵杀菌剂混合喷施 1 次起身肥。南方秋、冬播的苗，在寒冷季节，要防冻、防病、防霉烂，应减少氮肥用量，适当增加钾肥，应注意保持床土干湿适宜，看天、看苗施肥，防止幼苗生长过嫩，培育健壮无病苗。

（2）大田基肥　甜叶菊的矿物质营养，有 2/3 以上是靠土壤本身供应，追肥的作用较小。因此，在甜叶菊生产中，应注重选择地力好的土壤，并增施有机肥料做基肥，以培养地力，就显得特别重要。

调查表明，甜叶菊一生中所需的营养有 2/3 以上来自土壤，所以，增施腐熟的农家肥尤为重要。我国北方甜叶菊栽培多采用秋施肥，以利肥料充分分解，提高肥效。一般每公顷施农家肥 22 500 kg，配合每公顷施磷钾复合肥 225~375 kg；南方甜叶菊多因栽培季节高温多雨，为防止肥料淋失，采取随耕随施，以保证肥效。由于甜叶菊为浅根系作物，根系多分布在 20 cm 土层内，因此，底肥（主要为农家肥，施量 $30t/hm^2$）应浅施，随秋翻施入或早春耕翻施入。

大田基肥，主要是含有机质丰富的厩肥、堆肥、土杂肥等农家肥料。施肥量一般为每公顷 22 500~37 500 kg，在缺磷的土壤上应配合施用过磷酸钙 300~450 kg。南方典型酸性土壤可适当增施钙镁肥、石灰、草木灰等，既可改良土壤理化性质，又能补充肥料元素。基肥施用方法有条施、撒施、穴施 3 种，因基肥数量和土壤情况不同而灵活运用。基肥集中条施，肥料靠近甜叶菊根系，在根际微生物作用下，加速分解，成为容易吸收的养分，便于甜叶菊吸收利用，农谚说"施肥一大片，不如一条线"就是这个道理。条施是在施用前把肥料捣细，在移苗前将粪肥施入犁沟内，然后破垄形成新垄，称为破垄夹肥。穴施一般是在肥料较少的情况下，在挖穴移栽时做埯肥。一般情况下，基肥宜早施，在北方种植甜叶菊地区，随秋翻地施入基肥，可以促进肥料分解，提高肥效。由于前茬收获晚等原因来不及秋耕的，也应在早春耕翻施肥。南方地区雨水多，温度高，为防止肥料淋失，以随耕作随施肥料为宜。

（3）大田追肥　甜叶菊追肥要根据土壤肥力、天气状况和苗情灵活掌握。从甜叶菊自身需肥规律看，对三要素的吸收随着植株的生长发育与日俱增，至分枝期明显加快，到现蕾期达到高峰，现蕾开花期以后需肥量下降。所以，甜叶菊的供肥特点主要在茎叶旺盛生长阶段。追肥应采取前轻、中重、后补的原则。追肥总量不宜过多，在一般土壤肥力条件下，氮肥用量以不超过 225 kg/hm² 纯氮为宜。

追肥应分期施，要采用前轻、中重、后补的原则。"前轻"即在甜叶菊移栽缓苗后 10~15 d 进行第 1 次追肥，每公顷追尿素 45~75 kg，以促使幼苗健壮生长，缩短蹲苗期。"中重"即在甜菊主茎长出 6 对叶片时，出现第 1 次分枝时进行第 2 次追肥，此时正值甜叶菊进入快速生长阶段，茎叶生长快，分枝多，是增加干叶产量的关键时期，可每公顷施尿素 150~225 kg、硫酸钾 225~300 kg；"后补"即现蕾开花以后，甜叶菊植株停止从土壤中吸收养分，可用 0.1% 磷酸二氢钾叶面喷肥，10 d 喷 1 次，连续喷 2 次，第 1 次在出现第 1 次分枝时，第 2 次在出现大量分枝、茎叶旺长期。每公顷喷 1 500~2 250 kg，以防脱肥、感病，增强其抗逆性。

北方地区，根据地力和苗情，一般追肥 2~3 次。第 1 次在移栽后 15 d 左右，追尿素 75~90 kg/hm²，促进幼苗健壮生长；第 2 次是出现第 1 次分枝时追施氮肥，尿素 150 kg 左右，并配合喷施 0.2% 磷酸二氢钾；第 3 次在第 2 次分枝大量生长时，也就是茎、叶旺长期，植株根系生长较发达、吸收能力较强时，再追施氮肥和磷酸二氢钾，或氮、磷、钾复合肥。

长江流域地区，甜叶菊有一年生和多年生两种，追肥方法也不同。一年生苗，移栽后 15 d，宿根苗刚抽出 2~3 对叶时，薄肥勤施，每周浇 1 次肥水，连浇数次，起到施肥和浇水作用。浓度为腐熟人粪尿 10%~15% 或 0.5% 尿素水溶液。在二次分枝出现旺长期，施一次重肥，浓度为 1%~2% 尿素液，每公顷施 90~150 kg 尿素。

一年生或多年生甜叶菊每次收割后，待新苗抽出再施一次追肥。同时，整个生育期包括现蕾期，喷磷酸二氢钾 3～4 次，以增加叶片的厚度，提高叶绿素增长量和糖苷含量。应特别注意控制氮肥用量，看苗施肥，若叶绿枝茂，尤其是密植情况下，容易贪青、叶嫩易感叶斑病，施肥多反而导致减产。宿根栽培的甜叶菊，由于旺盛生长的时间比一年生早而快，收割期亦早，应早施追肥。地膜栽培的甜叶菊，由于前期生长加快，营养加速消耗，生产时间提前，往往后期脱肥，基部叶片脱落，要防止早衰及时补追肥料。

华南地区，追肥技术要考虑到短日照、早花特点。因为一年中收割次数比其他地区多，追肥次数也要增加，整个生育阶段应不断补充营养和水。广东省气温比其他省高，甜叶菊基本上全年生长，高产田块追肥管理仅次于蔬菜，每日浇 2 次薄水肥，浓度按腐熟人粪尿 1：8 比例，尿素 0.5%。一般在傍晚施肥，防止烈日暴晒，叶片灼伤。施肥时注意施在行间，避免直接接触植株，同时注意喷施 0.1%磷酸二氢钾等，防止氮肥过多而易染病害。

三、灌溉

甜叶菊的原产地雨量充沛，空气湿润，土壤水分充足。由于长期对环境条件适应的结果，甜叶菊的根系主要分布在 25 cm 深的土层内，属浅根系作物，具有喜湿润的特性。经各地多年栽培驯化，其抗旱性虽有提高，但对土壤水分的要求，仍高于一般旱作作物。因此，要确保甜叶菊高产优质，必须根据甜叶菊的需水特点，结合当地降水状况进行合理灌溉。

1. 甜叶菊的需水规律

甜叶菊在一个生育周期中所消耗的水分，是由植株蒸腾和棵间地面蒸发两部分组成。植株蒸腾是甜叶菊生长发育所必需的生理过程，它对甜叶菊生长主要有以下生理作用：通过蒸腾作用，可以散发热量，调节植物体温；通过蒸腾作用，可使植株地上部与根系间保持一定的水势差，促进根系的吸收能力，并将溶于水中的营养物质随水分运送到植株的各个部位。水分充足时，气孔开张度增大，蒸腾作用旺盛，可降低植株含水量，抑制徒长，增强抗倒伏能力，同时，也有利于二氧化碳的吸收，而使光合作用增强。植株的蒸腾量，随着植株的生长而增加，开花初期达到高峰，开花结籽后，随中下部叶片逐渐老化衰亡而递减。一般情况下，甜叶菊每生产一个单位的干物质需要由植株蒸腾 500～800 倍水量，这就是甜叶菊蒸腾系数。在甜叶菊整个生育过程中，植株的蒸腾量约占耗水量的 60%。

棵间蒸发即地表水分蒸发。棵间蒸发的耗水量，在植株生育前期最大，随着植株生长发育，枝叶对地面荫蔽覆盖率增加而递减，到甜叶菊生育后期，随植株中下部叶老化脱落，又逐渐增大。棵间蒸发占总耗水量的 40% 左右。

甜叶菊是具有一定的抗涝、耐旱能力的，在轻度淹水一昼夜即排干的情况下仍能正常恢复生长。甜叶菊是须根性植物，主根不发达，入土深度在 8～15 cm，只能靠降雨、灌溉和浅层土壤的水分正常生长，更深层土壤水分难以吸收，因此，要求 0～15 cm 深层的土壤含水量至少应在 20% 以上才好。雨量是否充足，耕作层土壤含水量多少，直接影响甜叶菊的正常生长。

2. 各生育阶段的需水特点

（1）甜叶菊苗期可分播种育苗和移栽缓苗两个阶段　播种育苗阶段：即苗床期，由于甜叶菊种子小、播种覆土浅，出苗初期根浅苗小，生长缓慢，是需水的最关键时期。甜叶菊播种育苗，出苗快慢在于温度高低，出苗和成苗多少在于水分多少。甜叶菊播种后，以土壤含水率保持干土重的 60% 时出苗率最高，为 43.3%。随着土壤含水率的下降，出苗率也逐渐降低，含水率为 50%、

40%、30%、20%时，出苗率分别为 32%、12.7%、8%、3.3%。甜叶菊播种后每天浇足一次水时出苗率为 32.8%，隔天浇足一次水时出苗率为 28.6%，隔 2 d 浇足 1 次水时出苗率为 19%，浇水次数对出苗率有直接影响。播种育苗的苗床管理，在出苗至 2~3 对真叶期间，主要是浇水管理，始终保持苗床表土层湿润是育苗成败的关键。

移栽缓苗阶段：甜叶菊移栽过程中，幼苗根系受到损伤，吸水能力减弱，必须有充足的水分供应才能保证成活和早发根。在移栽后的 15 d 内，土壤耕作层的水分，应保持田间持水量的 70%~80%，以确保成活。移栽苗长出新叶和开始分枝后，根系生长较快，而地上部生长缓慢，土壤水分不宜过多，以保持土壤含水量的 65%~75%为宜。这期间如土壤水分低于田间持水量的 55%，则根系和地上部生长受阻，主茎下部过早老化，分枝减少，严重时下部叶片干枯脱落。若土壤水分长期高于田间持水量的 90%，土壤中空气缺乏，影响根系下扎，生长不健壮，易感病害。

（2）茎叶旺盛生长期　这时期枝叶旺盛生长，叶面积增大，同时，进入高温季节，植株蒸腾和地面蒸发增加，需水量剧增，这一阶段土壤水分应保持在田间持水量的 75%~85%才能满足生长需要。但此时也进入高温多雨季节，如阴雨过多，排水不良，光照不足，则会引起茎、叶徒长，容易倒伏，病害严重，下部叶片霉烂，上部叶片嫩薄，影响叶片产量和质量。因此，要做到旱即灌、涝则排，保持田间水分适宜，以发挥最大的增产作用。

（3）收叶前后和留种田开花结实期　在长江流域及南方 1 年收割 2~4 次的地区，收割后田间土壤由于原来地上部茂盛枝叶荫蔽，突然裸露，阳光直射，蒸发量增大，土面温度升高，影响宿根老茬节间芽的抽生。为此，收割前应灌溉 1 次，保持土壤湿度以使收割后仍能满足抽芽和恢复生长所需的水分，促进根系更新，新芽抽生。如果土壤仍干燥，应继续浇水保湿，保持二茬苗正常生长。

甜叶菊留种田，在开花之后营养生长渐趋停止，转入生殖生长期，生长速度减慢，需水量也逐渐减少，这阶段以保持田间持水量65%~75%为宜，过干或过湿都不利于甜叶菊开花结实和种子发育。

3. 灌溉技术

（1）灌水时期　确定适宜的灌水时期，是合理灌溉的重要内容。在中等肥力土壤上，适时灌溉可明显提高产量。遇干旱天气灌水期过晚的田块一般减产18%~25%。我国农民在长期生产实践中，积累了"看天、看地、看苗"灌溉的经验，适于在生产中推广应用。

在甜叶菊繁茂生长的现蕾前期，当耕作层土壤中含水量低于16%~19%时，甜叶菊叶片开始萎蔫；含水量低于11%~15%（田间持水量低于56%~72%）时，发生轻度萎蔫；含水量低于9%~14%时，发生长期萎蔫。只有及时补充水分，才能恢复正常生长状态。萎蔫程度越重，时间越长，对产量的影响越大。塿土的含水量不低于16%，腐殖土的含水量不低于24%，才能保证甜叶菊正常生长。

在高温晴天的中午前后，甜叶菊茎枝顶端的幼嫩部分都会出现萎蔫现象，午后或傍晚即会恢复正常。这是由于在高温干燥条件下植株蒸腾作用强烈，根部吸水速度小于蒸腾速度而出现的暂时萎蔫现象，并不是缺水的表现；但当植株中上部的大量茎枝顶部都出现萎垂现象，到傍晚恢复较迟时，则表示土壤中可供吸收的水分已经不足，应及时灌溉；如果全株茎、叶都出现凋萎现象，而且到傍晚还不能恢复时，则表示已经严重缺水，进行灌溉也难以迅速恢复正常生长，此时灌水已经过晚，将会造成一定的损失。因此，在生产上，遇到天气干旱，甜叶菊植株开始出现中等程度的萎蔫时，就应抓紧灌水；一般以保持田间持水量的70%~80%为宜。

（2）灌水定额　灌水定额是指单位面积每次灌水量。灌水定额一般应根据土壤性质、土壤墒情、甜叶菊生育状况和灌水方式综合考虑。合理的灌水量，要达到既能保证土壤中有适宜的水分，满足甜叶菊生育的需要，又不会抬高地下水位和引起土壤次生盐渍化，还要有利于计划用水、节约用水和扩大灌溉受益面积。适宜的阶段灌水量可用下列公式计算

灌水量（m^3/hm^2）=（土壤最大持水量－灌水前土壤含水率）×土壤密度×计划湿润深度×10 000

各地气候条件、土壤状况和灌水方式不同，灌水量和灌水次数也有较大差异。在我国北方，气候干旱、地下水位较深的地区，每次灌水量和需要灌水的次数，远多于南方多雨、潮湿地区，即使在北方，各地区间也不尽相同。在同样气候条件下，土壤含有机质多或新耕翻的土地，由于土质疏松，孔隙度大，蓄水量增加，其灌水量也相应增大。

在灌水方式上，一般畦灌和沟灌的灌水量比喷灌和滴灌的多。甜叶菊不同生育阶段的需水特点不同，灌水量和灌水次数也不一样。移栽之后，植株小，根系不发达，需水量较少，此时，根吸收水分能力弱，耐旱性差，宜采用小水勤灌。随植株的生长，需水量增大，灌水量也应相应增加。

（3）**灌水方法**　甜叶菊常用的灌水方法，多为地面灌溉，又可分畦灌、沟灌两种。条件好的地方适用喷灌、滴灌等。

畦灌：是将水引入种植畦内，在畦面形成水层，沿畦长的方向流动，并逐渐下渗，浸润全田土壤。这要求灌水畦的畦面必须平整精细，以保持灌水均匀、流速适宜。一般地面坡降在0.002~0.003 m的范围内为宜。进入畦内的水流量要根据地面坡度、土壤渗透性和畦的长短来确定，用进水口大小和开放时间长短来控制。一般沙质土渗水快，进水口宜开得大些，使进水流量大，灌满畦面的时间短一些。黏性土壤渗水慢，进水流量要小，使细水长流，充分渗透。甜叶菊生育前期，需要小水快灌时，可适当开大进水口，以增加流速，缩短进水时间，来控制灌水定额和渗水深度；在甜叶菊生长繁茂期，需要加大灌水量时，则应使小水慢流，以增加渗透深度。

沟灌：沟灌是在甜叶菊种植行间开沟引水，水在沟中通过毛细管作用和重力作用，向沟的两侧和底部浸润土壤。沟灌可以根据地形、坡度、土质情况采用适宜的沟长和沟形，灌水时可采用隔沟灌、浅水灌等方法控制灌水量。沟灌兼有排涝之利。沟灌的适宜坡度为 0.01~0.02，沟的长度、深度、宽度要根据田块大小、地形、地质、操作方便等原则，因地制宜进行安排。

灌水时要控制好流量。单沟中的水流量，一般保持在每秒 0.3~10L 为宜。黏性土壤要小水慢流，使其有充足时间浸润土壤和下渗；沙性土壤渗透性强，可大水快流，以免灌水过多。在水源充足的情况下，为了控制单沟进水的流量过大，可采取分渠同时引水灌溉以减小流量，并按水量大小控制同时灌水的沟数。沟中水层深度，以达到沟深度的 2/3 为宜，严防漫顶、串沟和沟尾大量积水。当水流到水沟全长的 80%~90% 时，就可以堵上进水口。

喷灌：喷灌是利用水泵将水加压，经过田间水管和喷头喷向空中，使水撒成细小的水滴，均匀降落在植株和地面上。喷灌时，要注意调节喷水强度、雾化程度、喷水均匀度和喷水量；一般要求喷水强度不超过土壤的渗透速度，使喷灌到地面上的水能及时全部渗到土层中去。雾化程度，一般要求水滴直径 1~3 mm。还要注意喷头放置的距离适宜，使喷水分布均匀。喷水量一般以 30~40 mm/次（每公顷 300~400 m³）为宜。

四、合理密植

合理密植是甜叶菊栽培的重要技术措施之一。甜叶菊生产力通常指单位面积糖苷产量，其构成的主要因素是单位面积的株数、平均单株叶重与其叶中含糖苷率、优质糖苷含量占总糖苷量的比例高低。合理密植的意义是根据甜叶菊生物学特性要求，适应当地气候、土壤等条件和耕作栽培技术水平，确定合理的种植密度和配置方式。合理密植为甜叶菊茎叶和根系均衡协调生长、糖苷在叶中的高度积累提供最好的生态环境，可以充分利用光能和地力，从而获得最高生产力。

紧凑型品种的甜叶菊在密度低于 1.8 万株/hm² 时，其亩产量随着密度的升高而升高，当密度高于 1.8 万株/hm² 时，密度升高反而降低了甜叶菊亩产量；平展型品种的甜叶菌在产量最高值出现在密度为 1.5 万株/hm²。在品质方面，当密度低于 1.5 万株/hm²，不同处理间叶片中总甜菊糖苷含量和 RA 含量无显著差异，在密度大于 1.8 万株/hm² 时，叶片中总甜菊糖苷 STV 和 RA 含量开始显著下降。

1. 合理密植的意义与增产效果

（1）合理密植的意义　甜叶菊合理密植通常包括两个含义：一是根据当地的气候、土壤、水利等情况，确定甜叶菊在当地最适宜的营养面积，即合理的种植密度；二是根据当地耕作栽培制度、灌溉方法、机械化程度等条件，确定甜叶菊的行距与株距的合理配置，使每株均能充分利用空间和得到必要的水分和养分，整个群体均衡协调生长，获得高产。

合理密植，关键是要使甜叶菊充分吸收太阳光能。首先必须有足够数量的种植密度，亦即是取决于单位面积甜叶菊整个群体受光的绿叶面积大小。通过水肥等栽培措施，使叶面积系数达到合理的数量，并长时间地保持下去，使之充分利用光能，同化二氧化碳，形成大量的有机物质，为高产提供物质基础。

甜叶菊种植密度根据其发展过程，可分为出苗密度、移栽密度、收获密度 3 种。其中，移栽密度是中心，具有决定性意义。为了有效地控制移栽密度，必须有足够数量的幼苗。出苗密度与移栽密度间的比例，是衡量一个地区保苗技术水平的标志。甜叶菊幼苗期，保苗技术较差，就要求出苗密度高，缺点是播种量增加，田间管理劳动量加大，相对成本提高，因此，必须千方百计地提高出苗率和保苗技术水平，缩小出苗密度与移栽密度的比例。

收获密度是最后的结果，移栽密度与收获密度间的差距反映了当地气候、土壤、水分等自然条件的优劣，田间管理水平的高低，以及甜叶菊生长期病虫害为害程度大小等。减少移栽后植株的损失，缩小移栽密度与收获密度间的差距，稳定地保持原有移栽密度，是贯彻合理密植获得高产的重要措施。

（2）合理密植的增产效果　甜叶菊的栽植密度，随着品种与环境条件不同而改变。甜叶菊是一种分枝性较强的作物，不同类型植株侧枝发育程度不同，与之适宜的密度也不同。河西地区甜叶菊比较适合密植，一般在 12 万~16.5 万株/hm² 内，随着种植密度增加而增产，由低密度到高密度增产幅度 17%~73%（表 5-1）。

表 5-1　合理密植的增产效果

密度 （万株/hm²）	5.25	6.00	7.20	9.00	10.05	11.25	12.00	12.45	13.50	15.00	18.00	22.50	27.00
产量 （kg/hm²）	2 676	2 025	2 248	2 085	2 325	1 975	1 375	2 005	2 319	2 797	3 081	3 319	1 725
增产 （%）	94.5	47.2	63.5	52.2	69.0	43.6	0.0	45.8	68.6	106.7	124.0	141.3	25.4

在一定的栽培水平下，合理密植可获得较高的产量。研究表明，每公顷种植 27 万株比每公顷种植 8 万株增产 48%，而每公顷种植 30 万株却与每公顷种植 18 万株相似，只比每公顷种植 8 万株的增产 27%，说明密度过高反而减产。在密度相同时，土壤肥力的高低，对产量有很大的影响。高肥区比低肥区平均增产 70.8%。由此可见，要提高产量，一方面要采用适宜密度，另一方面要提高土壤肥力水平，同时，适宜密度要随不同栽培技术水平而改变。

甜叶菊产量的高低是综合应用各项先进技术措施的结果，而且甜叶菊生产的特点是具有产量与质量两个方面的要求，两者都受栽培密度的影响。一般情况下，密度提高，由于株数增加，总叶数显著增加，产量能获得较大幅度的增长。一定范围内由稀到密，并结合其他适当措施，糖苷质量也有所提高，而超过一定限度时，又随密度增加而下降，在密度过大时，这种趋势更为显著，可见，密植必须从产量与品质两者综合考虑才能确定合理密度。

2. 合理密植的生物学基础

（1）密度与甜叶菊植株性状的关系　甜叶菊的种植密度不同，由于营养面积的改变，生长发育也相应地发生变化，具体表现在根系、茎粗、株高、节数、分枝数及叶片数等方面。

根系：甜叶菊根系的生长发育，直接与地上部分的生长发育相关。一般根系发育良好的植株枝叶繁茂，经济性状良好，产量也高。当密度增大时，由于土壤营养空间的限制，根系的发育也受到影响。在同样情况下，密度过大，根系减少，并且贮藏根弱，根的密集层浅。不同密度也导致根重变化，由低密度到高密度根重逐渐减少。

茎：甜叶菊植株中，主茎为组成甜叶菊植株结构的主体。主茎发育良好与否直接影响甜叶菊产量和质量。不同的种植密度，影响甜叶菊主茎发育程度，相应的对植株高度、主茎粗度、分枝数的多少和节数都有着很大的影响。一般情况下，随着密植程度的提高，株高随密度增加而增高，超过一定限度，则随密度增加而降低。主茎粗度是随密度增加而变细，分枝数随密度增加而减少。节数变化与株高相似。

叶：一般在苗期株行距间有足够的空间可供甜叶菊地上部分特别是叶片的发育，因而密度的影响不大，叶片可以不断生长。到封垄期，株、行间营养空间缩小，行间开始郁闭，对叶片增长逐渐起抑制作用，并随着密度的增大，株、行间通风透光不良，这种抑制作用就越加显著。密度越大，叶片变小，单株叶片数减少，单株干叶重减少。随着密度增加，叶面积系数也增加，单位面积的干叶产量也随之增加。

（2）密度对生育期的影响　不同密度对甜叶菊生育期影响不同。密度大，生育期提前，密度为 22.5 万株/hm² 时比密度为 11.2 万株/hm² 的繁茂期、现蕾期、开花期分别提前 6~8 d。生育期变动最快的阶段是繁茂期之后。在 12 万~27 万株/hm² 密度范围内，随着密度增加，生育期提前，当密度达 30 万株/hm² 时，生育期反而推迟。

（3）密度对甜叶菊个体和群体生产力的影响　甜叶菊群体产量是由个体数目和个体生长量组成，其最高产量的获得，必须保证群体在最大发展前提下，使所有单株都能正常生长，达到增加株数所增加的群体生产力大于增加株数所减少的个体生产力总和。在适宜的密度范围内，随密度增加，产量逐渐上升，而单株产量却随着密度增加，呈递减趋势，达到群体产量增加值大于个体产量减少值。

3. 决定密度的原则

甜叶菊的合理密植以形成合理的群体结构为目标。因此，必须根据甜叶菊类型、生长发育特性，并结合栽培技术措施来确定，使群体和个体都能得到适当发展，经济有效地利用生产条件，从而达到优质高产的目的。

（1）密度与气候因素的关系　气候因素对甜叶菊生长发育有很大影响。甜叶菊适宜密度随着气候条件不同而改变。同一类型的品种在相似肥力的土地上，南方的适宜密度要高于北方地区。

在同一地区，由于地势不同，气温可以相差很大。地势高，气温低，甜叶菊生长缓慢，密度应稍大；地势低，气温高，甜叶菊生长快，密度可适当缩小。地势不同，可影响通风透光。通风透光好的地势，可适当密些；反之，适当稀些。湿润地区，植株生长快，叶片大而薄，单位叶片重量较轻，密度宜稀些，以利增加单叶重，提高品质。

（2）密度与土壤肥力和施肥水平的关系　甜叶菊的发育和生

长势的强弱受土壤、肥料、水分三者及其综合作用的影响很大，其种植密度亦随之而变。土壤肥瘠和土层深浅影响甜叶菊生长的繁茂程度。一般土层深厚、有机质多的肥沃土壤，有利于甜叶菊根系发育，种植密度宜稀；而土层浅、有机质少的瘠薄土壤，甜叶菊植株生长瘦弱，种植密度可加大。

肥料对于甜叶菊的生育影响很大。一般施肥多的，甜叶菊生长繁茂，叶面积系数大，株间蔽荫程度大，种植密度要适当控制。在相同土壤肥力水平下，甜叶菊施肥水平不同，密度也应相应变化。在较低肥力水平下，密度要适当加大，而在高肥力水平下，密度不宜过大。

（3）密度与甜叶菊生育诸因素的关系

一年生和多年生的区别：甜叶菊为多年生草本植物，生育第1年从播种到开花结实，翌年种根仍可重新发芽生长，这样在生育适宜区可连续生长4~5年。一年生植株一个主茎上可分出一级及二级分枝，二年生以后可直接由根茎部腋芽抽出许多枝条。一般一年生的密度为15万~24万株/hm²，而二年生则应减少1/3~1/2。

甜叶菊生产田及采种田密度的区别：生产田指以采叶为主的地块，采种田是以采收种子为主的地块。不同密度植株高度不同，且分枝情况不同，高密度分枝少，植株矮化，干叶产量高；低密度植株增高、分枝多，种子产量高。收干叶的密度不超过21万株/hm²为好，收种子的密度要控制在12万~15万株/hm²为宜。

移栽期与密度：甜叶菊合理密植与播种期、移栽期有很大关系。早移栽的，种植密度比正常密度稍低为宜，迟移栽的必须适当加大密度。主要是由于甜叶菊生长季节的提前或延迟，各种生产条件相应地发生变化。特别是生长季节中气温的变化，对甜叶菊各个生育阶段的生长发育均有较大影响。

品种特性与密度：一般苗期长势强的宜稀植，长势弱的宜密植，以增加单株数，求得群体产量的提高。不同株型在同样条件下，种植密度也应随之变化。一般分枝少、植株瘦弱型要密些；分枝多、植株繁茂高大的宜稀些。这样能够合理利用光、温、水及土壤肥力。

综上所述，确定密度的关键在于从光、温、土、肥、水、种等具体条件出发，合理安排密度和种植方式，并在有关措施的配合下，使生育期间能够维持合理的群体动态结构，调整好肥、水、光的关系，以充分发挥这些因素的作用。因此，栽植密度不可太稀，也不宜太密，关键在于合理。

4. 不同地区的种植密度及种植方式

（1）不同地区的种植密度　根据各地区生产特点，提出合理密植范围的相对值，显得尤为重要。根据目前我国各地自然条件和栽培情况，将各地合理密植范围介绍如下。

华南产区：地处热带、亚热带气候区，光、温、湿条件好，甜叶菊生长发育快，加之短日照条件，使植株生长期短、植株矮小，每年可收 2~3 次，适宜密度是 19.5 万~24 万株/hm^2。

长江流域：光、温、湿也较丰富，短日照区，但生育期略长于华南产区，故一年生密度为 18 万~22.5 万株/hm^2，多年生密度为 12 万~15 万株/hm^2。

华北地区：气温适中，日照逐渐加长，甜叶菊生育期延长，一般以一年生为主，植株高大，适宜密度 18 万~22.5 万株/hm^2。

东北、西北产区：日照长，土壤肥沃，移栽期晚，田间生长期较长，一般密度为 15 万~18 万株/hm^2。

（2）不同地区的种植方式　合理密度不仅要求单位面积上有合理株数，而且还要求有合理的栽植方式，使植株合理分布，能充分而有效地利用光能和营养面积，又便于田间管理，以求群体与个体产量达到协调一致，最后达到丰产优质的目的。目前，我国甜叶菊产区采用的栽培方式主要有等行距和宽窄行两种。

等行距：行与行间的距离相等，行距大于株距。在密度较小的情况下，等行距种植，田间光照条件和营养面积比较均匀，便于操作。

宽窄行：大行与小行间，株距 10～15 cm，但条件不同，有平栽后培土的，或不培土畦种的，也有起好垄后，一垄双行，每小行株间交错，北方称双行拐子苗，使之更利于植株生长。

不管采用何种形式，毗邻行的植株都应交错栽培，以便有效利用空间和地力。保证下位叶所受光照强度在补偿点 1 倍以上，防止或减少中下部叶片早期枯死而降低产量与质量。

五、移栽与田间管理

甜叶菊苗移栽、打顶、中耕除草与培土是甜叶菊高产栽培的重要措施。苗移栽不仅可以提高保苗率，而且能达到延长甜叶菊生长期的目的，获得高产。打顶可以调节和控制甜叶菊分枝习性，促进枝壮叶茂。中耕除草的主要作用是疏松土壤，消灭杂草，促进甜叶菊生长发育。培土能促进生根，形成强大根系，增强吸收能力，并且可防止倒伏及水肥流失。

1. 移栽

移栽是甜叶菊大田栽培的开始，适期移栽和保证移栽质量，对获得优质、高产的甜叶菊叶片有重要意义。甜叶菊苗移栽后的成活率高低和恢复生长的快慢，不仅取决于甜叶菊苗移栽后的环境条件，也取决于甜叶菊苗本身生长势的强弱。因移苗时根系受到损伤，吸收水分和养料的能力大为减少，叶片蒸腾作用仍继续进行，消耗大量水分，因而，影响甜叶菊苗的成活率和生长。

（1）影响移栽成活率的因素　气候及环境因素对移栽成活率的影响主要如下。

地力条件：甜叶菊对土壤要求不严，但以疏松肥沃含腐殖质较多的土壤生长较好，pH 值<5.5 或 pH 值>7.9 的土壤也不适合种植。河西走廊盐碱地和漏沙地较多，盐碱地排水不良、透气性差，移栽成活率只能达到 20%～30%。漏沙地保水性差、有机质缺乏，移栽成活率只有 40%～50%，这两种类型的耕地均不适宜种植甜叶菊。

光照：甜叶菊属于对光照敏感的短日照植物，充足的光照有利于其生长发育，并获得较高的干叶产量。但在河西走廊，甜叶菊不能越冬，必须采取育苗移栽的方式，移栽时光照过强，易造成小苗失水萎蔫甚至干枯，影响成活率。移栽后若过度遮阴，虽可提高成活率，但影响后期生长，苗弱叶稀，难以获得高产。调查发现，许多在晴天强光条件下移栽的甜叶菊，若灌水不及时，往往成活率不足 40%。

温度：甜叶菊适宜温暖湿润的生长环境，但亦能耐-5℃的低温，气温在 20～30℃时最适宜茎叶生长。但由于其根系不发达，新根发生慢，移栽后需 5℃以上的温度才能正常生长，移栽后遭遇持续低温对成活率影响较大。

（2）栽培模式对移栽成活率的影响　育苗方式：甜叶菊苗期一般为 50～60 d，采用穴盘育苗、日光温室土床育苗和小拱棚育苗 3 种方式。不同育苗方式培育的甜菊苗质量差异很大，对移栽成活率也有较大影响。采用穴盘基质育苗方式，须在日光温室中进行，因育苗条件好，可达到优质壮苗的标准，较好地保护了根系不受伤害，因而移栽后基本不缓苗，成活率可达 95%以上；日光温室土床育苗设施条件好，可适当提前育苗时间，易于培育大规格苗，但苗期温光条件过于优越，幼苗易徒长，移栽后缓苗慢，成活率在 70%～80%，小拱棚育苗需在外界气温升高，棚内夜间温度稳定在 5℃以后进行，因设施条件不高，夜间保温性差，出苗时间长，出苗后生长缓慢，但易于培育壮苗，移栽后成活率较高，可达 90%以上。另外，移栽前炼苗质量的高低对移栽成活率也有较大影响。

栽培模式：河西走廊甜叶菊栽培主要有宽膜平作移栽和高垄覆

膜移栽两种模式。宽膜平作移栽一般是 145 cm 膜幅移栽 4 行，高垄覆膜移栽一般是 50 cm 垄面移栽 2 行。相比而言，宽膜平作移栽形式地膜对地面的覆盖范围广，具有持久的保水保湿效果；高垄覆膜移栽水分蒸发快，保水性差。因此，宽膜移栽成活率要高于高垄覆膜移栽。

移栽时间：河西走廊甜叶菊移栽时间，一般是 5 月中下旬，移栽过早气温低，易遭受低温冷害，影响成活率。移栽过晚易受高温强光影响，不仅成活率低，而且缩短了生育期，产量损失较大。

苗龄及成苗标准穴盘基质育苗及日光温室土床育苗，苗龄 50~60 d，苗高 15 cm 左右，具有 7~8 片真叶，即达成苗标准。小拱棚育苗因生长慢，适龄苗株高 10~12 cm，具有 4~5 片真叶，即达成苗标准。达到成苗标准的优质壮苗移栽成活率高，若育苗时间短或苗龄期过长，都会对移栽成活率产生较大影响。起苗后不能及时移栽，放置时间过长，也是影响移栽成活率的主要因素之一。

（3）田间管理对移栽成活率的影响　灌水甜叶菊是喜水作物，适时灌水是确保移栽成活的关键。调查表明，若移栽后 2 h 不能及时灌水，成活率可降低 20%，4 h 不能灌水，成活率只能达到 70%，移栽 1 d 后灌水的，成活率只有 50% 左右。

2. 施肥

甜叶菊生长对土壤肥力要求不高，施肥过多，会造成烧苗，影响移栽成活率。大量施用未腐熟的农家肥做底肥，或以尿素做基肥，是发生烧苗的主要原因。烧苗会出现田间断垄缺苗，根据肥料施用情况，移栽成活率在 50%~70%，严重地块成活率不足 30%。甜叶菊苗的大小，与移栽后的成活率和恢复生长有密切关系。苗株过大，挖苗时根易受损伤，不便带土，移栽时费时、费力。植株过小，根系小，抗旱性差，浇水时容易淤苗。因此，移栽时必须掌握好苗龄。一般以 5~7 对真叶、苗高 8~12 cm 为宜，根系生长发育良好的幼苗，为理想移栽苗。

移栽时期影响移栽的主要因素有气候条件、栽培制度、土壤、水利和播期等。不同地区这些因素所处的主次位置不同，故在确定适宜移栽期时，必须全面考虑，统筹兼顾。

（1）气候　气候是决定甜叶菊移栽期的主要条件，而温度、降水量和霜冻又是其中的主要影响因素。甜叶菊是喜温作物，如果移栽时期温度低于10℃，甜叶菊根生长缓慢，吸收能力弱，延长缓苗日期。因此，必须在日平均气温稳定在 12～15℃，地温达到10℃以上不再有晚霜危害时，才可进行移栽。

降水的数量与分布，也是确定移栽期的重要依据。甜叶菊生长期间，月平均降水量 100～130 mm 较为理想。移栽时降水量稍多，有利于缓苗，缓苗后土壤水分少些，有利于伸根。分枝期降水量充沛，可促进生长。成熟期降水量减少则有利收获干燥。

除了考虑移栽后的气候条件要有利于甜叶菊苗成活和生长外，还要特别注意甜叶菊成熟期的适宜气候条件。因为成熟期的气候条件对甜叶菊质量影响最大。一般认为，气温 20～25℃、光照充足、降水量较少而又不干旱的条件，有利于成熟和提高甜叶菊叶糖苷含量。而温度低、降水过多或过度干旱都不利于甜叶菊叶正常成熟。

（2）栽培制度　根据甜叶菊生物学特性，既要优质高产，又要有利于前后作物的安排，获得连年丰产。在一年一熟区，移栽期不受前后作物的制约，确定移栽期时应充分利用有限的无霜期。在二年三熟区的栽培中，应将甜叶菊安排在最适宜的季节里。一年二熟区，越冬作物收获后尽早移栽，有利于后茬作物的适期播种。

（3）适时早栽　适时早栽是促进甜叶菊丰产优质的重要环节。适时早播种、早移栽可显著增产。播期相同，早栽有利营养生长；迟栽随着苗龄延长，苗床生长条件差，根系生长不开，株体不发旺，叶片增长慢，苗过密营养供应不足，生长迟缓，容易变成老化苗，即茎细、杆硬提早木质化，叶变黄。这类苗移入大田也不易发苗，因而造成减产。移栽期过晚，后期高温多湿，叶斑病发病较重，造成下部叶片大量死亡。再加上后期大部分植株现蕾开花，株体上位叶片稀少，因而既减产，又降低了干叶品质。播期相同移栽期不同，田间植株长势差异较大，尤其单株叶片重差异显著。早移栽中位叶片大而厚实，百叶重增加，所以适时早栽能增产。

若迟栽，苗床的幼苗苗龄长，易变成老化苗，植株瘦弱，根系不发达，移到田间缓苗慢又影响后期生长。如果播期晚，苗床苗太小，既不好移栽又不易成活，灌水时还容易淤苗。因此，适时移栽也要与播种期密切配合，适时早播才能达到丰产优质的目的。

3. 移栽技术

甜叶菊移栽有平栽、垄栽、畦栽法，有开沟栽（条栽）、穴栽；若按浇水先后，又可分为先栽后浇水和边浇水边栽。

不管哪种栽法，都要掌握好移栽技术，提高甜叶菊移栽后的成活率，做到栽前起苗不伤根，栽后苗眼封好土，浇足底水保全苗。

（1）起苗方法　带土起苗：带土起苗具有根系不受损伤、移栽缓苗快的优点。为了达到起苗多带土的目的，起苗前2~3 d即应在苗床灌好水，使土壤湿润，减少起苗时根系损伤。使用移植铲根毛损失少，因而成活率高、缓苗快、生长也旺盛。

拔苗法：在沙性苗床培植的幼苗，不易带土起苗，往往采用拔苗移栽。在拔苗前，苗床必须充分浇水，不仅使苗吸足水分，而且可使表土松润，拔苗时伤根少，带土多。起苗后用黄泥浆水蘸根，防止根系失水，尽量做到随起随栽，避免风吹日晒。幼苗如需长途运输，要相应地采取一些保护措施，即用湿草包扎根部等，注意覆盖和洒水，防止幼苗过度失水。

（2）移栽方法　垄栽穴植法：北方春旱、水源不充足地区多采用此法。先打好垄，按一定密度要求等距离挖穴（刨埯），将苗轻轻放入，用细土培好压实，不要用力过猛，以免伤根，然后浇足水待水渗下后再覆细土（封埯）；或先浇水后放苗，再封土均可。

畦栽或平栽：按种植密度要求，挖穴或开沟，摆好苗，一般覆土至根颈处为宜。扦插苗因无主根，根系浅，要适当深栽，过浅根颈外露，影响水肥吸收和抵御干旱。栽植时，一手扶直甜叶菊苗，另一手将土轻轻填入沟中，避免根梢弯曲窝根，再将土在苗周围压实，使土壤与苗根密接，随后浇足定根水。

扎孔移栽法：适用于营养杯育苗法的移栽。用尖铁棍扎孔，孔深约 15 cm，直径 2.5~3 cm，然后将营养杯移栽苗插入孔内，覆土夯实，甜叶菊苗直立与地面垂直，随后浇足水。

总之，移栽时要注意下面几个关键技术：一是起苗不伤根；二是栽培要使苗垂直地面，不压心，不伤底叶，不窝根；三是栽苗时间选早晚或阴天，不能栽后暴晒；四是栽植作业要连续，起苗、栽苗、浇水各环节配合好；五是栽后浇足定根水，2~3 d 再浇一次缓苗水，促进根系生长。

4. 摘心

摘心又称打顶、打尖，可以调节和控制甜叶菊分枝习性，促进甜叶菊枝壮叶茂，达到高产稳产的目的。

大田生产中，适期摘心可促进甜叶菊早分枝、多分枝、多长叶。适时摘心甜叶菊既有顶端优势，也有次生生长和再生生长的特性。为了调节甜叶菊的群体结构，促进枝繁叶茂，达到高产优质的生产目标，在幼苗期必须摘心，以促进侧芽生长，增加分枝和叶片数量，防止后期倒伏，提高产量。摘心工作应在甜叶菊 7~9 对真叶、株高 15~20 cm 时进行，次数可根据土壤肥力情况而定。地力中等、定植株数较稀、长势较好的地块可摘心 2~3 次；地力好、定植株数较密、长势旺的地块，一般摘心 1 次，否则易引起田间郁蔽，造成减产。

（1）摘心的作用　调节顶端生长与侧枝生长的关系：甜叶菊的顶芽和侧芽，由于所处的位置不同，在生长发育上有着相互制约的关系。当顶芽生长时，侧芽就处在受抑制状态，呈现明显的顶端生长优势，株体的营养物质也较多地输往顶端部位，使主茎顶端旺盛生长。摘心的作用在于去除主茎的顶芽，促进侧芽生长，侧枝萌发和生长，增加分枝级次和叶数，从而使株冠由较低的部位向外围空间扩展，形成紧凑的株形，达到高产的目的。

调节地上部与地下部生长的关系：甜叶菊的地上部与地下部构成一个有机的整体，摘心后刺激侧芽新梢的生长，削弱根系的生长。进行摘心，可以促进部分侧芽和叶子萌发生长，使枝叶生长旺盛，反过来又促进新的根系生长，使甜叶菊在较长时间内保持旺盛长势。

调节营养生长和生殖生长的关系：摘心对生殖生长的影响是与摘心刺激营养生长密切相关的。甜叶菊经摘心后，植株体内大部分养分输入营养芽，促进新枝的营养生长，使生殖器官所需的养分相对减少，抑制生殖生长，长出更多的新枝和叶片，达到增产的目的。又因为摘心延长营养生长期，使营养集中于叶部，延长叶寿命又增加含苷量，故摘心又可提高叶片品质。

调节株型，矮化紧凑，防止倒伏：甜叶菊经摘心后，植株矮化，株冠形成蘑菇形，抑制顶端生长优势，促使枝条横向发展，株型紧凑，株高较低而株冠较宽，植株不易倒伏。同时也推迟茎基部木质化。

调节营养物质重新分配，促进枝叶的形成，品质得以改善：摘心可使植株营养物质重新调整和分配，有机物质集中供应枝叶生长，改善上部叶片形成条件，保证中下位叶片有一定的面积和重量。因为中下位叶片，恰恰是甜叶菊含糖苷最高的部位，故摘心可提高叶片质量。

（2）摘心技术　我国甜叶菊产区多采用人工摘心方法。一般在植株高 10~30 cm 时均可轻度摘心。如果摘下的顶芽要扦插繁殖，可在顶端剪下 6~10 cm 顶芽做插条。这种情况下，摘心植株一定要偏高些，以 15~30 cm 为宜。摘心宜早期进行，一般有苗床期摘心和大田期摘心两种。定植期迟，应苗床期摘心；定植期早，可在大田期摘心；在不影响大田生长和收割的情况下，可进行苗床期和大田期二次摘心。

苗床期摘心在移栽前 5~10 d 至移栽时进行，一般用剪刀剪去幼苗顶芽即可；大田期摘心是指定植成活后，株高在 15~30 cm 以内进行。

在一年 2 次以上收割地区，甜叶菊的摘心适期要求严格，更应宜早不宜迟，否则，枝叶生长期太短，不但会延迟第 1 次收割期和第 2 次收割期，从而影响产量，而且会降低甜叶菊叶的糖苷含量。

摘心要选晴天上午进行，便于伤口愈合。摘下的茎顶端不要随地乱抛，以免传染病虫害。田间有病株时，须先摘健株，再摘病株，以免接触感染。

摘心次数，也要看大田植株长势、密度、肥力等因素而定，一般密度稀、植株长势好、地力肥沃可摘心 2~3 次。而田间密度大，植株生长旺盛，这时再多次摘心，可使田间郁闭，反而减产，可停止摘心。

只有按植株长势、气候条件、土壤肥力、种植密度等因素综合考虑，灵活掌握才能使这一措施见到成效。

5. 中耕除草和培土

中耕除草和培土就是协调大田生长期甜叶菊与环境以及环境各因素间的关系，使甜叶菊生长朝着有利优质、高产的方向发展。在化学除草没有普及的地区，中耕与除草往往结合进行。培土可兼收中耕和除草的效果。

（1）中耕除草　中耕的作用是疏松土壤、消灭杂草。通过中耕，改善土壤透气的状况，既能减少土壤水分蒸发，提高地温，改善土壤营养状况，又能提高接纳自然降水的能力，从而促进根系生长，改善土壤有益微生物的活动；同时，结合中耕又消灭了杂草，避免杂草与甜叶菊争水争肥，因而减少了土壤养分和水分的消耗及病虫害的传播。

甜叶菊中耕时间、次数和深度，必须根据降水量、土壤质地、杂草多少灵活掌握。中耕次数一般 2~4 次。第 1 次中耕是在定植成活后 10 d 左右进行，与其他作物套种的地块，应在前作收获后马上进行。以后每隔 2 周进行 1 次，最后一次中耕应在封行前进行。在灌溉后或雨后，要适时中耕松土，以便及时消除土壤板结，改善土壤通气状况，消灭杂草，减少水分蒸发，促进植株生长。中耕深度以不伤根为原则。初次中耕，因幼苗根系不发达，可在远离苗间深耕。以后随着根系的发育，特别是生育盛期，根系不断扩大，此时中耕可浅耕，宽、窄行种植的宽行宜深，窄行宜浅。

（2）培土　结合施肥、中耕除草等进行培土可以进一步改善甜叶菊根部的生长环境，促进根部的生长发育，增强养分吸收能力，使甜叶菊生长旺盛；同时，通过培土可以防止倒伏，并可把散在行间土中的养分集中于畦上，便于甜叶菊吸收利用。施肥后培土覆盖可减少养分的流失。培土后，使沟底土培在畦面，底土风化加速，对加深耕作层、改良土壤有一定作用。培土后更有利于排灌，形成自然排灌系统，收效大，培土实际上也起着中耕除草的作用。

培土的次数随追肥、中耕除草次数而不同，一般结合中耕除草和施肥进行 2~3 次，多的 4~5 次。培土时期是根据甜叶菊的生育特点来确定的。一般移栽成活后 10 d 左右即开始进行第 1 次中耕除草和培土，促进根系更好地吸收土壤养分，以达到壮苗的目的。以后每隔 10~15 d 结合中耕除草和施肥进行培土，直至封行为止。

6. 防止倒伏

甜叶菊是多年生草本植物，在栽培管理不善时，容易倒伏。甜叶菊倒伏对产量的影响，因倒伏时期、倒伏程度和倒伏后天气情况而不同。倒伏时期愈早，产量损失愈大，早期倒伏，植株彼此压覆，通风透光不良，妨碍光合作用进行，使压在下面的叶色变黄变黑，甚至腐烂。另外，倒伏后，茎秆折曲，输导组织受到机械损伤，阻碍养分与水分的运转，使叶子不能正常生长发育。倒伏程度严重的减产多，倒伏程度轻微减产少。倒伏后，如果遇到高温多雨、多湿天气，容易造成叶子变黑腐烂，损失加重。

（1）倒伏原因　导致甜叶菊倒伏的原因是多方面的。甜叶菊为浅根作物，根系多分布在土层 25～30 cm。一年生甜叶菊为单茎型，二年生以后变成多茎型，耐倒伏能力强于一年生。甜叶菊茎基部木质化，十分纤脆，分枝部位较高，头重脚轻，因此，生育后期也易出现倒伏现象。

除甜叶菊本身特征外，不合理的栽培措施及一些自然灾害也可促成倒伏；例如施入过多氮肥，过早施入氮肥等，造成早期徒长，组织柔嫩，增加地上部重量，使地上部与地下部比例失调；种植密度不合理，过稀或过密等；水分管理不当，灌溉时大水漫灌或连续狂风暴雨袭击、不及时排涝等均可引起倒伏。

（2）防止倒伏的措施　甜叶菊倒伏原因虽是多方面的，但采取一些栽培技术措施，可以促使甜叶菊植株生长健壮，增强抗倒伏的能力。例如选用抗倒伏品种、合理施肥、合理密植、注意排灌水、及时摘心、培土及防治病虫害等，就可以减少或避免倒伏。

选择抗倒伏的品系：甜叶菊不同品系其生物学特性和茎秆结构是不同的，因而对倒伏的抵抗性也不一样。选择植株较矮小、茎粗、节间短、根系发达的品系，抗倒伏性较强，反之，容易倒伏。

合理密植：在过度密植条件下，由于通风透光不良，植株弱小，光合作用产物少，致使茎秆细弱，根系发育不良，易发生倒伏。采取合理密植，既考虑群体的发展，也要考虑个体营养面积，正确协调个体与群体的关系，从而保证单位面积有足够的株数，又有良好的通风透光条件，使每一单株都正常生长发育。

合理施肥：要考虑品种特性、气候和土壤条件，确定肥料的适当用量，基肥、追肥的适当比例与氮、磷、钾三要素的适当配合。凡速效性氮肥施用过多，都能引起严重倒伏。一般基肥应以腐熟的有机肥料为主，做到肥土混合，使甜叶菊根系不断吸收利用。追肥应针对甜叶菊不同生育时期对于养分的要求，看苗分期施用。

注意排灌水：如雨水过多，应及时排除田间积水，促使根系生长健壮。由于甜叶菊根系浅，暴雨后根部易暴露在外，此时应及时进行培土，保证根系正常生长发育，也可达到防倒伏的目的。

及时摘心：经摘心后，植株矮化、茎粗、节间短，株冠呈弧形或水平形，体型紧凑，根系发达，株高较低而株冠较宽，可以防止倒伏。

防治病虫害：病虫为害甜叶菊植株，可造成茎秆折断，生长发育不良，烂根，影响根系生长，植株容易倒伏。所以要及时防治病虫害，使植株健壮，根系发达，就不易倒伏。

六、免耕栽培

甜叶菊是宿根性再生能力强的多年生菊科作物，其母桩在气温≥-5℃条件下安全越冬，翌年重新从根部生长新芽，肥水一体化膜下滴灌栽培模式可以在第2~3年以免耕栽培方式进行生产。具体方法是在当年采收甜叶菊时保留1~5 cm母桩，入冬前用覆盖物覆盖母桩使其不受冻害，保护好垄面上的地膜和滴灌管网，当清明节以后甜叶菊越冬母桩开始萌发新苗时，利用肥水一体化管网滴灌补充苗肥，5月当甜叶菊苗高5~10 cm时进行间苗与补苗，每穴去弱留强保留2~3苗，此后的田间生产管理与上年相同。

第六章

甜叶菊病虫草害及其防治

甜叶菊抗病虫害性较强，由于多年重茬、轮作，甜叶菊病虫害有逐年上升的趋势。目前，已发现的甜叶菊的常发病害有立枯病、叶斑病、褐斑病、白绢病、黑斑病、茎腐病、黄花病毒病、急性炭疽病等，主要虫害有蚜虫、棉铃虫、烟粉虱、甜菜夜蛾、斜纹夜蛾、红蜘蛛、茶黄螨、绿盲蝽、蛴螬等。对于病虫害的防治必须贯彻"预防为主，综合防治"的植保方针，掌握"治早、治小"的原则。以农业防治为主，化学防治为辅，提倡不同类型的低毒、低残留、高效生物农药交替使用，严格执行农药使用准则和防治指标，确保生产出绿色甜叶菊产品。在选用优良品种、实行轮作换茬、加强肥水管理、合理密植的前提下，密切关注大田病虫发生情况，发现病株立即拔除，并结合喷药等措施进行有效防治。育苗方面，科学管理苗床，并进行土壤杀菌处理，实施轮作换茬，能够较好地预防立枯病、枯萎病等土传病害。甜叶菊虫害防治应严格掌握防治指标，单位面积未达到防治指标可不防治，达到防治指标的严格控制用药量和用药次数，收获前 15 d 内严禁用药。

一、主要病害及其防治

1. 立枯病

甜叶菊立枯病是甜叶菊苗期病害的总称，又称猝倒病、苗腐病等。该病是我国甜叶菊苗期主要病害，一般苗期管理不好都会发病。严重时，整个苗床内幼苗全部死光，给甜叶菊生产带来很大损失。

（1）症状 立枯病是甜叶菊苗期的主要病害，一般从苗床育苗到收获均有不同程度的发生。早春育苗阶段和夏季病害发生较重，从甜叶菊种子发芽到出土后均可发病，种子发芽时就被侵染，造成幼苗出土前死亡或出土后发病。病菌从茎基部侵入，开始时出现淡黄色病斑，以后逐渐扩大，会出现一定的死苗。其症状特点因病菌侵染部位和时期不同分为3种类型，第一种症状是在育苗阶段，种子萌发时被侵染或出苗后病菌从茎基部侵入，在茎的基部出现黄色病斑，最初较小，后逐渐扩大，受害的幼苗呈褐色腐烂而死亡，多在发芽后 7~10 d 出现。第二种症状为猝倒，是在幼苗阶段，这种症状在出苗后出现，病株茎基部出现淡黄色水浸状病斑，并迅速扩大，受害植株茎基部变细，以后逐渐扩大和部分微陷，在条件适合时病斑迅速扩大，植株易腐烂而倒苗。第三种症状为立枯，出现在苗高 8~10 cm 时，离地面约 1 cm 的基部出现水浸状的黄褐色病斑，病斑逐渐扩大后缢缩，呈黑褐色，随着病斑逐渐扩大，茎基部形成褐色凹陷斑，细缢，病株干枯而死亡。后期病斑上或茎基部常覆有紫色菌丝层，有时近地面处生出形状各异的块状或片状的小菌核，发病轻时症状不明显，发病重时叶片卷曲或顶叶萎蔫、枯死。

（2）病原 甜叶菊立枯病的病原菌种类很多，不同地区病原菌种类也不尽相同：立枯丝核菌 *Rhizoctonia solani*，该菌以菌丝体繁殖，初生菌丝体无色，后期呈黄褐色，菌丝直径 5~14μm，菌丝粗大，分枝处稍细，有一横隔，呈直角分枝，由于丝核菌发育与蔓延迟缓，大部分是在出土后才表现症状；镰刀菌 *Fusarium* spp，菌丝无色，多分枝，分生孢子有两种，大孢子镰刀形，多为 3~5 个横隔；小孢子椭圆形，无横隔。

（3）发病特征 发病特征有3种类型：一是在种子萌发时病

菌侵入或出苗后从近地面侵入，经繁殖在茎基部呈现黄色病斑，由小逐渐扩大，呈褐色，使受害的幼苗腐烂而死亡；二是在病株茎基部出现淡黄色水浸状病斑，并逐渐扩大，受害部位茎基部变细，呈水浸状斑，植株易烂断而摔倒；三是随幼苗长大，在近地面基部出现水浸状的黄褐色病斑，病斑逐渐扩大后细缢，渐呈黑褐色，植株地上部分半边叶出现萎蔫、干枯，随着病斑逐渐扩大，茎基部呈褐色凹陷斑，大小 1~6 cm，后期地上部分逐渐干枯，在病斑上常覆有紫色菌丝层，有时近地面处生出形状各异的块状或片状的小菌核，发病重时叶片卷曲或顶叶萎蔫、枯死。

（4）发病规律　甜叶菊立枯病是由习居于土壤内的立枯丝核菌、镰刀菌侵染引起的，病菌以菌丝体在土壤中营腐生生活越冬，土壤是该病主要侵染源，遇到寄主，菌丝体直接侵染为害。立枯病是甜叶菊苗期的主要病害，不同生育时期均有发生，属于土传性病害。土壤带菌是苗床幼苗发病的初侵染源，在早春育苗阶段和夏季病害发生较重。幼苗刚出土不久，如遇低温多湿、苗床积水、排水不良、土壤黏重、透气性差，均能促使立枯病迅速蔓延。

（5）防治方法　加强苗期管理：选择排水良好，土壤肥沃，疏松的沙质壤土播种、种植。合理轮作：前作最好用禾本科作物，不要用菜地，避免重茬、迎茬，一般应实行 4 年以上轮作制。及时细致翻地整地，保持土壤墒情，适时播种，注意播种质量，掌握播种深度，有利于出苗，生育健壮，增强抗病力，可以减轻立枯病的发生。在易发病土壤做苗床时应提前进行土壤消毒。发病后及时拔除病株，运到田外烧毁或深埋。药剂防治：用 75% 五氯硝基苯 50 kg/hm^2+代森锌 45 kg/hm^2，混合适量的细沙拌匀撒施在苗床，用钉齿耙使药沙混入土壤，对苗床土壤进行消毒；用 1∶300 的铜氨合剂喷洒，也可用 70% 甲基硫菌灵或 50% 多菌灵可湿性粉剂 1.5 kg/hm^2 喷雾，每隔 7~10 d 对发病中心喷洒 1 次，以防继续扩大蔓延。

2. 叶斑病

（1）**症状**　发病后，先侵害基部叶，以后逐渐向上蔓延，在甜叶菊少数叶片上先出现直径 1 mm 的黄褐色斑点，以后慢慢扩大，病斑继续扩大连成一片，自下而上叶片上逐渐发生，以后逐渐扩大为黑色病斑，形成角斑或圆形斑点，病斑上有同心轮纹，其上可生小黑点（分生孢子器），斑点周围黄化，导致叶片枯死，病叶后期早落。发病严重时，病株茎秆上也出现黑褐色、椭圆形病斑，近地面处发病较重，部分抗性较差的植株出现全株枯死。直接影响产量与含糖量，造成严重损失。

（2）**病原**　甜叶菊叶斑病菌为半知菌亚门壳针孢属真菌。该病是日本的石破知加子等人于 1978 年 7 月初在香川大学农学部实验场栽培甜叶菊时发现的，国内研究资料也作过大量报道。由壳针孢属 *Septoria* 引起，以菌丝、分生孢子器、子囊壳在病残体上越夏或越冬，种子和田间病体上的病菌为主要的侵染源，病组织及病残体所产生的分生孢子或子囊孢子借气流、雨水、昆虫传播。

（3）**发病特征**　分生孢子器常在叶两面表皮下形成，黑褐色，有孔口，其中，分生孢子为多胞，无色，细长，稍弯曲。在温度条件适宜时，病斑上又会产生孢子或子囊孢子，进行多次再侵染。

（4）**发病规律**　叶斑病在甜菊生产中发生比较普遍，为害时间长，从幼苗期到收获期全生育期均可发病，造成为害。如栽培密度较大，通风透光不良，尤其是夏末秋初植株枝叶繁茂郁闭，叶片接受不到阳光，容易引起病菌繁殖。田间有积水或湿度大，氮肥偏施过多，也可促使叶斑病大发生。病株叶片贴地面部分有黑点，症状几乎局限在叶面，严重时整株枯死。河西地区 7—10 月容易发生此病，病菌可随风雨传播，引起再侵染。病菌在病残体组织中越冬，翌年春季释放分生孢子进行初侵染，其叶片上再产生分生孢子。分生孢子随风雨传播，引起再侵染。甜叶菊斑枯病菌寄主范围极窄，自然条件下，只能侵染甜叶菊。生育的最适温度为 25℃，最适 pH 值 5.5~7。

（5）**防治方法**　可采用农业防治，例如合理轮作，注意排水，减少田间湿度；合理施肥，多施钾肥，控制氮肥，以提高植株抗病能力；清理田间病株残体，深翻地，减少越冬菌源。药剂防治。化学防治可于开始发病时，用 70% 甲基硫菌灵可湿性粉剂 1.5 kg/hm² 喷雾，发病严重时，适当增加喷药次数。

3. 褐斑病

（1）**症状**　褐斑病的病原为尾孢菌，属真菌半知菌亚门丝孢目尾孢属。褐斑病是一种真菌性病害，上部蔓延，初期为圆形或椭圆形，紫褐色，后期为黑色，严重时病斑可连成片，使叶片枯黄脱落，发病后期，田间湿度较大时，叶柄、茎、花序均可被侵染。

（2）**发生规律**　病原物以菌丝体或分生孢子器在枯叶或土壤里越冬，靠风雨传播，夏初开始发生，秋季为害严重，一般在高温高湿、通风不良、连作等条件下均有利于病害发生。当田间低洼潮湿、排水不良、植株郁闭、气温较高时容易发生该种病害，偏施氮肥，植株旺长，茎秆细弱，灌水不当等因素都有利于病菌的繁殖和病害的流行。

（3）**防治方法**　加强田间管理，避免田间积水，在高温高湿天气来临之前或来临时，要少施或不施氮肥，保持一定量的磷、钾肥，避免串灌和漫灌，特别要避免傍晚灌水。实行轮作倒茬，轮作年限达到 4 年以上。做到合理密植，每亩（667 m²）总苗数保持在 8 000~10 000 株，用甜菊专用肥等肥料，做到平衡施肥；播种前可采用温汤浸种法或用 40% 福尔马林原液配成 100 倍液浸种 25 min 处理种子；发病初期，可用 50% 甲基硫菌灵 1 000 倍液，或 30% 的苯醚甲环唑水分散粒剂 2 500 倍液，或 65% 代森锰锌 500~600 倍液喷雾，如果病情很严重，可以选用 40% 的氟硅唑乳油 6 000 倍液，或 25%阿米西达悬浮剂 1 000~1 500 倍液喷雾。

4. 斑枯病

（1）症状　发病初期，叶片出现褐色小斑点，慢慢扩大成角斑或近圆形斑点。病斑中央呈黄褐色，边缘呈深褐色，发病后期病斑上产生多个小黑点，为该菌分生孢子器。病斑周围黄化，病、健交界明显，可多斑联合。植株一般先从下部叶片开始发病，逐渐向中间部叶片扩展。导致早期落叶，严重时整株叶片脱光。

（2）病原　甜叶菊斑枯病病原菌经鉴定为 *Septoria steviae* Ishiba Yokoyama et Tani.，经鉴定此病原菌属于壳针饱属，分生孢子器球形，直径 60~160μm，外壁厚，黑褐色，内壁薄，无色。产孢细胞瓶梗状，着生在内壁上，分生孢子线形，有的微弯曲大小为（17.5~65）μm×（1.8~2）μm，无色，隔膜为 0~5 个，按上述特征与日本及中国浙江报道的甜叶菊上的壳针孢菌进行比较，分生孢子器的大小相差很大，分生孢子的隔膜数与日本报道的一致，大小差异不大。病菌经培养 3~4 d 才出现菌落。菌落开始为单个小黑点，此时镜检已形成初生的分生孢子器。分生孢子器呈膜质，四周长满菌丝，菌落生长很慢，黑色、致密、隆起，分生孢子器成熟后，分生孢子从分生孢子器的孔中涌出，聚集成肉眼可见的白色黏稠状的分生孢子角。病菌分离菌株生长慢，在不同培养基上生长速度、产生分生孢子器和分生孢子的能力相差很大，光照对菌体产孢影响显著，但对菌丝生长没有影响。

（3）发病特征　甜叶菊斑枯病菌可以种子传播，种子带菌是一个新区引起病害的初侵染菌源。

（4）发病规律　斑枯病是甜叶菊的主要病害之一，发病高峰期田间普遍发生。甜叶菊苗床及种植大田均发病，发生周期长。扦插育苗时，病叶可直接带病菌进入苗床，并扩展为害。冬季和早春由于气温较低，苗床发生危害较轻。春季甜叶菊定植后，病害发生则逐步加重，6—7 月进入为害高峰期。头刀甜叶菊收获后，二刀新生枝叶也发病。发生为害重发病高峰期普查，斑枯病病田率100%，病株率90%左右，病叶率30%左右，但田块间发病程度有明显差异，重茬连作田块植株下部叶片出现大量枯死现象，损失可达30%~40%。

（5）防治方法　避免重茬、轮作倒茬，选田日本避病苗床和定植大田要尽量选择未种植过甜叶菊的田块，以减少菌源，同时，选择无病插穗，培育无病壮苗苗床合理浇灌、雨后及时排水、田土深翻、使病菌不能萌发；科学合理确定定植密度，及时清理田间病残体，可有效控制病害发生与扩散，减轻为害损失。大田病害零星发生或气候条件适宜时，要连续用药防治。每667 m^2 可用10%苯醚甲环唑水分散粒剂10 g，40%氟硅唑乳油2 mL，或75%百菌清可湿性粉剂10~15 g，兑水10 kg进行喷雾防治，交替用药。

5. 白绢病

（1）症状　白绢病又称菌核性根腐病，发病植株的主要部位在茎基部，发病时，茎基部初呈暗褐色水渍状病斑，后逐渐扩大后出现灰白色霉状物，病部组织下陷，呈油状斑，在潮湿条件下，表面长出白色绢丝状的菌丝体，呈辐射状，迅速向周围蔓延。在潮湿条件下，受害部位表面产生白色菌索，并延伸到土壤中，同时，病斑向茎秆四周扩展，延至一圈后，引起叶片萎蔫；茎部受害后，影响水分和养分的吸收，以致生长不良，地上部叶片变小、变黄，节间缩短，严重时枝叶凋萎，甚至会导致全株枯死。发病部位在后期生出许多茶褐色的菌核，茎基部皮层腐烂，导致植株萎蔫或枯死。在适宜条件下，菌核萌发产生菌丝，从直接侵入中心植株茎基部蔓延到其他植株，如果茎基部有伤口，更有利于病菌侵入。

（2）病原　经鉴定其病原为半知菌亚门齐整小核菌 *Sclerotium rolfsii*，属根部病害。有性世代为担子菌，但很少出现。菌丝白色棉絮状或绢丝状，菌核球形或近球形，直径 1~3 mm，平滑，有光泽，表面茶褐色。病菌以菌核或菌丝体随病残组织在土壤中越冬，成为病害主要的初侵染源。

（3）发病特征　白绢病又称菌核性根腐病，常为害幼苗的基部。发病初期在茎基部有暗褐色水渍状病斑，后逐渐扩大，稍凹陷，其上有辐射状的白绢丝状菌丝体长出，湿度大时形成白色菌索，并延伸到土壤中，病斑向四周扩展，绕茎一圈后，引起叶片凋萎、整株枯死；病斑在后期生出许多茶褐色的菌核，茎基部逐渐腐烂，引起植株萎蔫或枯死。

（4）发病规律　甜叶菊白绢病在育苗棚内呈块状或点片状分布，发病棚数达 54.6%左右，病株数占 10%~20%。病害的发生与土壤的温湿度密切相关，越是高温、高湿时发病率越高，传染越快，为害性越大；育苗基质偏酸时，发病重；前茬是甜叶菊的大棚，发病重；如果灌水量大，且灌水速度慢，则发病率明显高；田间有积水而又不能得到及时排除的育苗池发病重；育苗基质透气性差，质地粗糙，黏性大，则发病率高；河西地区多在甜菊苗期及大田生育盛期发生，传播速度快，并造成大量植株死亡。

气温高、湿度大，发病率高，传染快，为害性大；在低温、通风条件下，发病较轻；育苗基质偏酸时，发病重；基质中性或偏碱时，发病轻。高温高湿有利于发病，故低洼湿地发病较重。前茬是甜叶菊的育苗设施，发病重，其他作物的发病轻；如果灌水量大，且灌水速度慢，则发病重；灌水量适中，速度快，则发病轻；苗床有积水而又不能及时排除的发病重；育苗床平坦，床面无积水，则发病较轻；育苗基质透气性好，发病较轻，育苗床质地粗糙，黏性大，则发病率高；苗床种植密度大，发病较重。

（5）防治方法　在配制育苗基质时，将优质农家肥和无机肥结合，基质的透气性要好，酸碱度以中性为宜；灌水速度要快，育苗池内不得有积水；育苗期间适当通风和降温，棚内湿度不要高于80%；为预防病害发生，可每10 d左右用1次草木灰。栽培时合理密植，注意田间通风透光，增施磷钾肥，提高植株抗病力；发现病株，及时拔除，在病株周围撒石灰消毒；发病初期，用50%多菌灵500倍液或用50%的硫菌灵800倍液喷雾；用1：500的百菌清和1：1：100的波尔多液喷洒叶面及灌根；也可用井冈霉素500~700倍液，直接喷洒1~2次，都会取得较好的防治效果。

苗床消毒应选择疏松、肥沃、排水性好的沙壤土育苗。床土可用800甲基硫菌灵喷洒消毒，并翻动均匀，7 d后播种。种子处理将甜叶菊种子用50%多菌灵250倍液浸种15 min后涝出，淋去多余药液，即可催芽播种，温度控制在40℃左右为宜，也可用50%代森铵500倍液浸种。育苗期发病的防治发病初期施用15%三唑酮可湿性粉剂叶面喷洒，或用2.5%粉锈宁2 000倍液淋施于茎基部，每667 m² 每次用药液0.25 kg，或喷洒20%甲基立枯磷（利克菌）乳油1 000倍液，每7~10 d施用1次，防治1~2次；也可用50%甲基立枯磷可湿性粉剂1份，兑细土100~200份，撒在发病植株茎基部，防效明显。必要时也可在植株的茎基部及其四周地面撒施70%五氯硝基苯药土（比例为70%五氯硝基苯0.5 kg，拌细土15~25 kg），用量为15~22.5 kg/hm²，每次相隔25~30 d，连续2次，都会取得较好的防治效果。

6. 黑斑病

（1）症状　甜叶菊黑斑病是由链格孢属真菌侵染引起的真菌性病害，主要发生在叶片上，病斑多椭圆、圆形、或近似圆形，没有明显的多角边缘。发病初期，先在幼嫩叶片和茎秆上出现褐色小点，随后逐渐扩大成圆形或近圆形黑褐色病斑，有时病斑可出现同心轮纹，湿度大时病斑上会产生黑色霉状物，严重时甜叶菊顶部缢缩，扩展后病斑近圆形至不规则状，内灰褐色，边缘黑褐色，周围有黄色斑；后期病斑中心部位黄褐色，干枯，在潮湿环境下病斑上会出现黑色粒状物，叶片受害严重时容易落叶，可蔓延至叶柄上。

（2）发病规律　黑斑病是甜菊大田生长期极易发生的一种叶部真菌病害。常年发病率和危害程度均较高，对甜叶菊生产构成较大威胁。甜叶菊黑斑病田间病害发生发展趋势是随时间而变化的，甜叶菊黑斑病从 6 月初即开始发病，以后随着甜叶菊生长，发病逐渐加重。发病初期（7 月初至 7 月中旬）病害发展比较缓慢；前期（7 月中旬至 7 月下旬）病情发展迅速，病情达到第一个增长高峰；整个 8 月进入生育中期，病情以比较缓慢的速度继续发展；中后期（9 月上旬质 9 月中旬）病情再度迅速增长，尤其是在 9 月 20 日前后病情达到第二个增长高峰。甜叶菊生育后期病情随着甜叶菊生长发育的停止而停止发展。

甜叶菊黑斑病病原菌在适宜的气温、阴雨天气偏多，是病害发生的主要原因。可多次重复再侵染，两次病情增长高峰正值病原菌得到充分繁殖，气温和日照适合病原菌生长发育，并有大量降雨的时期。因此，可以认为甜叶菊黑斑病发生轻重主要受当年气象条件，尤其是降水量的影响。

（3）防治方法　种子处理，用 50℃ 温水浸种，或用福尔马林 40% 原液配成 100 倍浸种 25 min，洗浸晾干后播种；对发病植株可喷 65% 代森锌 500~600 倍液，或 25% 酮皂液，或 0.5% 石灰，或波尔多液喷洒并加强田间管理等措施防治。可用 65% 代森锌 500~600 倍液，或 5% 井冈霉素水剂 500 倍液防治。如在收获时期发病，应抢晴或在多云天气时，采取间割，人工采摘叶片晒干，最大限度地降低病害损失。

7. 茎腐病

（1）症状　发病初期，在茎基部处或根颈处出现褐色一边缢缩病斑，后扩展环全茎的明显缢缩病斑，地上部叶片变黄，植株逐渐萎蔫，后期整株枯死。茎组织木质化后一般不倒伏，但韧皮部被破坏，根部呈黑色腐烂，致叶片黄化，植株枯死。

（2）**发病规律**　始发于 5 月中下旬，6 月上中旬重发，田间零星分布。病菌在土壤中及病残体上越冬，由水流、病健根接触传播，病苗作远距离传播。扦插土壤基质不消毒是该病发生的重要因素；土壤湿度大、种植密度大、高温高湿、覆膜上冷凝水多等都会加重病害的发生，夏季非常容易发病。

（3）**防治方法**　茎腐病发生时拔除病株离田销毁，病穴用石灰消毒或者喷施 96% 绿亨一号 2 500 倍液或 20% 甲基立枯磷 800~1 000 倍液。

8. 花叶病毒病

花叶病毒病又称疯病、矮缩病、小叶病等。

（1）**症状**　受害株节间缩短，株型矮小，腋芽有时丛生，叶片变小增厚，呈黄绿相嵌状花叶。一至三年生的甜叶菊均有发病，连作地块发病率明显增高，大面积发病时，直接影响叶片产量和质量。

（2）**发病规律**　该病由烟草花叶病毒与黄瓜花叶病毒进行微伤侵染，无病叶被病叶摩擦后叶片上茸毛稍有损伤，或蚜虫口器造成的伤口等均能侵染病毒，侵染的病毒在 24℃ 6 h 可由表皮移至叶肉，48~50 h 可进行 2 次侵染，7 d 内构成系统侵染。带毒种子、带毒越冬宿根为侵染源，该病主要由蚜虫传播。5 月上旬至 7 月为高发区，高温来临时症状逐渐消失，进入雨季后，为害程度逐渐下降，但受害严重的病株症状可持续到收获期。甜叶菊花叶病毒病的流行与寄主、环境条件及蚜虫发生密度密切相关。甜叶菊苗期根系发育不良，低温高湿环境中容易发病，蚜虫大发生时发病率高。

（3）**防治措施**　农艺栽培措施：根据老病区病情重，新病区蔓延快、范围广的特点，要采取以改造重病区，控制轻病区，消灭零星病区，保护无病区的防治策略。重病区以种植优质、高产、抗病品种为主，轻病区以轮作换茬为主，零星病区以铲除零星病株、病点为主，无病区以严格执行检疫措施为主的综合防治措施。

种子做消毒处理：可将种子放入 68~70℃ 的干燥箱中，干热消毒 72 h，用 10%磷酸三钠浸种 20 min，捞出后清水洗净，即催芽播种。

及时查田：发现病株立即拔除，植株周围土壤用"阴阳灰"消毒，田间用 20%病毒 A 可湿性粉剂 500 倍液，或 1.5%植病灵乳剂 1 000 倍液，或 25%病毒净 500 倍液喷雾，并与氧化乐果等化学农药混用，兼治蚜虫，每隔 7 d 喷雾 1 次，连喷 2~3 次为宜。

9. 急性炭疽病

（1）症状　主要发生在嫩叶、嫩枝或定枝，初期在叶尖或叶缘处出现水渍状污点，然后生成黑色或黑褐色圆形小斑点，又迅速扩大并相连成片，常多个病斑联合成大斑。或在嫩枝茎部出现淡棕色卵圆形或近圆形小斑点，后扩大成深棕褐色梭形或长椭圆形凹陷斑，并迅速蔓延中上部茎，致使叶片枯死，植株矮缩，顶端停止生长。

（2）发病规律　始发于 5 月下旬，至 6 月上中旬流行发生，田间呈不规则或块状分布。当气温在 15~20℃ 以上、湿度超过 55% 以上时，炭疽病就可能随时在甜叶菊上发病，随着温度变高、湿度增多的季节是田间炭疽病菌孢子大量形成的高峰期，但当温度低于 15℃ 以下或高于 35℃ 以上、空气湿度低于 55% 及以下（空气干燥）时，炭疽病的发病率低且作物受害情况较轻，最有利于炭疽病发病的环境是温度 25~28℃、空气相对湿度 90% 及以上。

（3）防治方法　急性炭疽病发生时可以用 10%世高（苯醚甲环唑）1 000~2 000 倍液，或 25%炭特灵 500 倍液，或 80%炭疽福美 600 倍液，或 75%百菌清 500 倍液连续防治 2~3 次。

二、主要虫害及其防治

1. 东方蝼蛄

东方蝼蛄 *Gryllotalpa orientalis* 属直翅目蝼蛄科。

（1）**为害特点**　东方蝼蛄以成虫、若虫在土壤中取食甜叶菊幼苗的根及茎，被害植株很快枯萎死亡。蝼蛄还在土中开掘隧道，切断幼苗或使根土分离，导致幼苗枯死。从育苗期开始为害，移到大田仍可咬食移栽苗。其为害使苗床保苗率降低，田间幼苗损失严重。

（2）**形态特征**　东方蝼蛄的成虫体为灰褐色，全身密生毛，前胸背板卵圆形，前翅宽短，后翅卷缩细长超过腹部末端如尾状，前足为开掘足，呈铲形，适于挖土。若虫体为淡褐色，体形类似成虫，3龄后始见翅芽。

（3）**生活史及习性**　东方蝼蛄在东北2年完成1代，以成虫及若虫越冬。一年有两个为害高峰期。第1次在5—6月间，此时正处于甜叶菊幼苗期，第2次在9月中下旬，甜叶菊收获后，为害秋播作物。

东方蝼蛄具有强烈的趋光性、趋化性、趋粪性、喜湿性，对煮至未熟的谷子、炒香的豆饼、麦麸等具有良好趋性，对未腐熟的马粪等有机物也有趋性。

（4）**防治方法**　苗床四周用毒饵诱杀：一般用90%晶体敌百虫0.5 kg加水5L，拌豆饼50 kg，或用90%敌百虫100 g加热水150~200 mL溶化，拌10 kg菜饼或米糠。将制成的毒饵撒在苗床或大田周围的坑内，也可结合移栽施在穴内，施毒饵22.5~37.5 kg/hm²。

灯光诱杀：选夏、秋无风无日光夜晚，气温在18~20℃，相对湿度60%以上时，使用各种灯光诱杀，效果显著。煤油法：在苗床或大田内，于东方蝼蛄洞口滴入数滴煤油，后向洞内灌水，东方蝼蛄即可爬出或死于隧道内。

2. 地老虎

（1）为害特点　在河西地区，地老虎发生不太普遍，但为害较大，地老虎为害时，幼虫将贴近地面的茎部咬断，造成幼苗死亡、田间缺苗、断垄。地老虎一般在11月中下旬入土越冬，翌年3—4月化蛹，5月变成成虫产卵，刚孵出的地老虎幼虫取食卵壳，二次蜕皮前都生活在嫩叶里，也是防治地老虎的最佳时机。

（2）防治方法　首先在前茬收获后要深翻土地，清洁田园，制造不利于地老虎越冬的场所。移栽前用3%辛硫磷颗粒剂每亩3kg杀灭虫卵；5月中旬用黑光灯和糖醋混合液诱捕成虫；用麸皮、豆饼、青草、菜叶拌入杀灭菊酯3 000倍液制成毒饵，待傍晚撒到田间诱杀；采用50%二嗪磷乳油2 000倍液，或20%氰戊菊酯乳油1 500倍液等进行地表喷雾。

3. 白粉虱

（1）为害特点　白粉虱属同翅目粉虱科，是一种全球性害虫，我国各地均有发生，锉吸式口器，成虫和若虫吸食植物汁液，被害叶片褪绿、变黄、萎蔫，甚至全株枯死。成虫寿命较长，每头雌虫可产卵100余粒，成虫有趋嫩性，在嫩叶上产卵。若虫在叶背面为害，孵化后3 d内可以在叶背短距离游走活动，当口器刺入叶组织后开始固定为害。卵以卵柄从气孔插入叶片组织中，与寄主植物保持水分平衡，极不易脱落。此外，由于其繁殖力强，繁殖速度快，种群数量庞大，群聚为害并分泌大量蜜露，严重污染叶片和果实，引起煤污病的发生，严重影响光合作用，同时，白粉虱还可传播病毒，引起病毒的发生。白粉虱繁殖适温为18~21℃。春季随秧苗移植或温室通风移入露地。

（2）**防治方法**　依据成虫的趋黄特性，可用黄色板诱捕成虫并涂以粘虫胶杀死成虫，在田间插入一定数量的黄板，诱杀成虫。用3%啶虫脒3 000倍液喷雾，或25%扑虱灵可湿性粉剂1 500倍液，或2.5%天王星乳油2 000~3 000倍液，或40.7%乐斯本乳油800~1 000倍液喷雾。

4. 蚜虫

（1）**为害特点**　每年2—3月，越冬蚜虫卵孵化出壳，全为雌性，在寄主上孤雌繁殖，一年能繁殖20多代，在气候适宜、干燥无雨的季节繁殖最为迅速，开始为无翅蚜，4~5月产生有翅蚜，迁飞到寄主进行为害。蚜虫为害幼苗及新芽和嫩叶，集中于嫩叶嫩芽，用管状的喙吸食植物汁液，被害后致使叶片卷曲、皱缩、畸形，缺乏营养导致植株矮小，还可诱发病毒病的发生，严重影响甜叶菊产量，尤其干旱无雨天为害更严重。

（2）**形态特征**　属同翅目蚜科。

（3）**生活史及习性**　蚜虫对气候的适应性较强，分布很广、体小、繁殖力强，种群数量巨大。气温高时，4~5 d就可繁殖1代，1年可繁殖几十代。由于繁殖速度快，嫩叶、嫩茎、花蕾等组织器官上很快布满蚜虫。蚜虫以刺吸式口器刺吸植株的茎、叶，尤其是幼嫩部位，吸取花卉体内养分，常群居为害，造成叶片皱缩、卷曲、畸形，使甜叶菊生长发育迟缓，甚至枯萎死亡。蚜虫为害期长，并且还是传播病毒病的主要媒介。其为害较为普遍，为害率几乎达100%。

（4）**防治方法**　田间发现虫害，可及时喷洒兼具内吸、触杀、熏蒸作用的药剂，轮换使用防治。一般采用药剂防治，可用1.8%阿维菌素3 000~5 000倍液加10%吡虫啉可湿性粉剂2 000倍液，或70%艾美乐水分散粒剂6 000~8 000倍液，或50%抗蚜威可湿性粉剂2 000~3 000倍液，或2.5%功夫乳油3 000倍液喷雾防治，4.5%高效氯氰菊酯乳油2 000倍液，或2.5%敌杀死乳油3 000倍液，或10%二氯苯醚菊酯乳油3 000倍液，或20%菊·马乳油2 500倍液等药剂喷洒防治。还可以结合清除杂草等残物，减少蚜虫的滋生。

5. 斑潜蝇

（1）为害特点　斑潜蝇是一种全球性、多食性的最危险的一类检疫性害虫，属于双翅目潜蝇科植潜蝇亚科斑潜蝇属。寄生植物已达22个科110种植物，属多食性的蛀叶害虫。该虫以幼虫潜食叶肉，使受害植物叶片上形成许多潜道，破坏植物叶绿体，使叶片不能进行光合作用，降低品质，导致甜菊严重的落叶，甚至死苗，造成减产。

（2）防治方法　本着"预防为主"的指导思想和安全、有效、经济、简易的原则，因地制宜，合理运用农业、化学、生物、物理等方法，把虫害控制在允许的经济水平以下。移栽前，彻底清除田埂杂草和前茬残留枝叶，降低虫口基数或减少越冬虫源，进行土壤翻根或用药剂处理土壤，减少土壤中斑潜蝇蛹的羽化率。利用斑潜蝇成虫的趋黄性，使用黄色粘虫板诱虫。将黄板悬挂在田间距作物顶部高出10~20 cm处。化学防治是控制斑潜蝇猖獗为害的必要手段之一。根据幼虫取食习性，一般选择9—10时，选用高效、低毒的农药，例如1.8%爱福丁（阿巴丁、阿维菌素）乳油2 000~3 000倍液，或1.8%的虫螨克乳油3 000倍液，或10%塞乐收乳油1 000倍液，或48%乐斯本（毒死蜱）乳油1 500~2 000倍液；灭蝇胺、斑潜净、蝇蛆净、虫螨光、赛波凯、增效7051生物杀虫素等进行喷雾防治。

6. 红蜘蛛

（1）为害特点　红蜘蛛虫体似针尖大小，深红色或紫红色，肉眼只看得到红色小点，在放大镜下才能看到橘红色透明球状的虫卵。一年发生7~8代，每年6—7月为害严重。在气温高、湿度大、通风不良的情况下，红蜘蛛繁殖极快，是造成植株死亡的重要原因之一。以成虫和若虫寄生于甜叶菊叶背及花蕾上，以刺吸式口器吮吸汁液而为害植株。为害后的植株与病毒病的症状相似。表现为叶片僵直，变厚，变脆，叶缘向下卷曲，叶片开始变为浅黄色（或锈色）后逐渐变成黄褐色或黑褐色，严重时整个植株叶片失绿，变褐，干枯死亡。

（2）形态特征　该虫属蛛形纲蜱螨目。

（3）生活史及习性　高温干旱有利于其发生，发生初期在甜叶菊田间点片发生，后逐渐扩散为害。以成螨、幼螨和若螨在甜叶菊叶背的叶脉附近吸取汁液，形成枯黄斑，虫口密度大时会造成植株叶片干枯脱落。

（4）防治方法　及时清除田埂杂草及前茬残枝败叶，降低越冬虫口基数，及早做好田间虫害调查，及早防治。可选用 1.8% 虫螨克乳油 4 000~5 000 倍液，或 5% 尼索朗乳油 1 500~2 000 倍液，或 5% 卡死克乳油 1 000~1 500 倍液，或 50% 阿波罗悬浮剂 2 000~4 000 倍液，喷雾防治，每隔 10 d 喷 1 次，喷雾时主要以嫩叶背面为主。

7. 烟蓟马

（1）为害特点　成虫和若虫以口器为害嫩芽、嫩叶和生长点，从植物的细嫩组织吸取汁液，为害部位常呈现灰白色斑点，使叶片出现扭曲、褪绿、变形；植株叶片稀少，节间缩短，生长迟缓；部分幼苗出现黄化，并逐渐死亡。据调查，苗期受害植株比正常株矮 3~5 cm，受害率达 16%~83%，死亡率达 17.8% 左右。移栽于大田后，为害性减轻。3 月下旬至 4 月下旬是蓟马发生的高峰期，3 月上旬至中旬是防治蓟马的最佳时期。

（2）形态特征　属昆虫纲缨翅目蓟马科，又名葱蓟马，植食性，黄褐色和暗褐色，

（3）生活史及习性　1 年发生 5~10 余代，世代历期 9~23 d，

成虫寿命 8~10 d。雌虫还可孤雌生殖，每头雌虫在叶内平均产卵约 50 粒。2 龄若虫后期，常转向地下，蛹期在表土中度过。以成虫和若虫在一些植物、土块下、土缝内或枯枝落叶中越冬。

（4）防治方法　防治时用 40% 的氧化乐果乳油 1 000~1 500 倍液，或 50% 辛硫磷乳油 1 000 倍液交替喷洒，防效达 90%以上。

8. 甜菜叶蛾

（1）为害特点　主要为害叶片，取食叶肉，仅留叶脉，也剥食茎秆皮层。7—8 月发生多，高温、干旱年份为害严重，主要在甜叶菊生长旺盛期为害。初孵幼虫在心叶或叶背群集，啃食叶肉，进入 2 龄后，幼虫分散为害，主要为害幼嫩茎秆或生长点，造成生长点枯死，导致腋芽丛生形成多头苗，取食叶片形成孔洞或缺刻，甚至食光叶片，影响植株生长。

（2）形态特征　属鳞翅目夜蛾科，是一种世界性分布、偶发性害虫，不同年份发生量差异大，间歇性大发生的杂食性害虫。

（3）生活史及习性　幼虫可成群迁移，稍受震扰吐丝落地，有假死性。3~4 龄后，白天潜于植株下部或土缝，傍晚移出取食为害，1 年发生 6~8 代。

（4）防治方法　除结合一定的农业防治措施外，用 2.5% 敌杀死乳油 3 000 倍液，或 10% 二氯苯醚菊酯乳油 3 000 倍液，或 20% 菊马乳油 2 500 倍液等药剂交替喷洒防治，防效在 90%以上。

运用性较广的防治方法

利用害虫成虫趋光性和趋黄性防治：在田间置紫外灯和挂黄板诱杀，杀虫灯主要诱杀斜纹夜蛾、小菜蛾、甘蓝夜蛾、豆荚螟等趋光性害虫。紫外杀虫灯按 0.5~1 盏灯/hm^2 密度放置，黄板按 150 张/hm^2 密度挂置。

性诱剂防治：模拟自然界的昆虫性信息素，通过释放器释放到田间来诱杀异特性害虫的仿生高科技产品。该技术诱杀害虫不接触植物和农产品，没有农药残留之忧，是现代农业生态防治害虫的首选方法之一。

农业防治：选用抗病品种，避免与茄科作物重茬，甜叶菊收获后及时清洁田园消灭病原菌和虫卵。合理密植、生育后期要控制氮增磷钾肥，控制徒长，提高甜叶菊抗逆性，增强植株抗病能力。

三、主要草害及其防治

1. 主要杂草

甜叶菊田间主要杂草有马唐、稗、马齿苋、反枝苋、鳢肠、田旋花、藜和狗尾草。目前，能用于甜叶菊田间的除草剂主要有地乐胺、都尔、氟乐灵、高效盖草能、精稳杀得、精禾草克、拿捕净、收乐通和威霸等。在甜叶菊种植前期用百草枯（190 mL/666.7 m^2），进行土壤封闭喷雾处理并翻地，防草效果达87%，或用41%草甘膦异丙胺盐（300 mL/666.7 m^2），进行土壤封闭喷雾处理并翻地，防草效果80%。

2. 常用除草剂

（1）72%都尔乳油 主要防治禾本科和一些阔叶杂草。甜叶菊播前、播后苗前土壤处理，最适时期是杂草萌发前，播后苗前应在播后 3 d 内施药。土壤有机质含量 3% 以下，砂质土用量1.42 L/hm^2，壤质土 2.1 L/hm^2，黏质土 2.8 L/hm^2；土壤有机质含量3%以上，砂质土用量2.1 L/hm^2，壤质土 2.8 L/hm^2，黏质土3.45 L/hm^2。喷液量为人工背负式喷器300~500 L/hm^2，拖拉机喷雾机 200 L/hm² 以上，飞机 30~50 L/hm²。播前施药后最好浅混土 2~3 cm；若土壤墒情差，播后苗前施药后应及时用钉齿耙混土，随即镇压保墒，对后茬作物安全。

（2）48%地乐胺乳油　主要防治一年生禾本科杂草和某些阔叶杂草。可在甜叶菊播种或移栽前进行土壤封闭处理，采用混土施药法施药，施药后最好混土 5~7 cm。砂质土用量 2.25 L/hm²，壤质土 3.45 L/hm²，黏质土 4.5~5.6 L/hm²。喷液量人工 450~750 L/hm²，拖拉机 200~500 L/hm²。对甜叶菊和后作茬作物安全无药害。

（3）仲丁灵　又称地乐胺、丁乐灵、硝苯胺灵、止芽素、比达宁、双丁乐灵，属二硝基苯胺类选择性、内吸传导型土壤处理除草剂，常用药剂为 48%乳油。该药可有效防除牛筋草、马唐、苍耳、狗尾草、金色狗尾草、铁苋菜、臂形草、马齿苋、稗、野燕麦、反枝苋、藜、鳢肠、菟丝子、野黍、卷茎蓼、香薷、鼬瓣花、狼耙草、鸭跖草、猪毛菜、芥菜、拉拉藤、碎米莎草等多种一年生禾本科杂草、莎草科杂草和阔叶杂草，对田旋花、苣荬菜、芦苇、苘麻防效差。使用时应注意邻近的小葱、菠菜等敏感蔬菜受到漂移药害。在甜叶菊育苗田播种前，每平方米苗床用 48%双丁乐灵乳 0.22~0.35 mL，兑水后均匀处理苗床。

（4）高效氟吡甲禾灵　又称吡氟乙草灵、吡氟氯禾灵、精盖草能、高效吡氟氯禾灵、高效吡氟乙草灵、右旋吡氟乙草灵、高效微生物氟吡乙草灵、高效盖草能，属苯氧羧酸类高选择性、茎叶处理除草剂，常用药剂为 10.8%乳油。该药对狗尾草、千金子、早熟禾、稗、牛筋草、马唐、看麦娘、日本看麦娘、黑麦草、雀麦、稷、野燕麦、野黍、双穗雀稗、狗牙根、偃麦草、假高粱、芦苇等一年生和多年生禾本科杂草有很好的防效，对阔叶杂草和莎草无效。施药时注意风速、风向，不应使用超低容量喷雾，风速超过 4 m/s 应停止作业；不要使药液漂移到小麦、玉米、水稻等禾本科作物田，以免造成药害。在甜叶菊苗后、禾本科杂草 3~5 叶期，每亩用 0.8%高效盖草能乳油 30~35 mL，作茎叶喷雾处理。

（5）6.9%威霸浓乳剂、8.05%乳油　防除稗、狗尾草、金色狗尾草、马唐等一年生禾本科杂草。甜叶菊出苗后，禾本科杂草 3~5 叶期施药。用 6.9%威霸 750~900 mL/hm^2 或 8.05%威霸 600~750 mL/hm^2。防治野燕麦，用 6.9%威霸 900~1 050 mL/hm^2 或 8.05%威霸 750~900 mL/hm^2。施药时，杂草小、土壤水分好、空气相对湿度大用低药量；杂草大、土壤水分少、干旱条件下用高药量。全面喷雾或苗带施药均可。人工背负式喷雾器喷液量 300~375 L/hm^2，拖拉机牵引喷雾机 200 L/hm^2。不要用超低容量喷雾或背负式机动喷雾器以及东方红-18 型等超低容量或低容量喷雾机喷雾。人工施药应选择扇形喷嘴，顺垄施药，一次一条垄，固定喷头高度、压力、行走速度，防止左右甩动施药，以保证喷洒均匀。施药时注意风速、风向，不要漂移到小麦、水稻、玉米等禾本科作物田，以免受药害。对后茬作物安全。

（6）12%收乐通乳油　防治一年生禾本科杂草，在甜叶菊苗后，禾本科杂草 3~5 叶期，全田施药或苗带施药均可，用量 450~525 mL/hm^2。当杂草小或施药时田间水分好、杂草生长旺盛、空气相对湿度大时用低药量；杂草叶龄大、田间干旱、空气相对湿度低时用高药量。在禾本科杂草 4~7 叶期，雨季来临田间湿度大，用较低药量也能获得好的药效。防治芦苇等多年生禾本科杂草，杂草高度在 40 cm 以下，用量 1 050~1 200 mL/hm^2。施药时注意风速、风向，不要使药液漂移到小麦、玉米、水稻等禾本科作物田，以免受药害。对后茬作物安全。人工背负式喷雾器喷液量 150~450 L/hm^2，拖拉机喷雾机 75~150 L/hm^2。

（7）烯草酮　又名赛乐特、收乐通，属环己烯酮类选择性、传导型、茎叶处理除草剂，常用药剂为 12%乳油。该药可有效防除马唐、升马唐、止血马唐、稗、狗尾草、金色狗尾草、大狗尾草、千金子、洋野黍、稷、野燕麦、毒麦、看麦娘、宽叶臂形草、牛筋草、偃麦草、虮子草、狗牙根、龙爪茅、红稻、罗氏草、野高粱、假高粱、多枝乱子草、自生玉米、芦苇等一年生和多年生禾本科杂草，但对双子叶植物、莎草无效。施药时应注意邻近的小麦、玉米、水稻、高粱等敏感作物漂移药害。在甜叶菊苗后、禾本科杂草3～5叶期，每亩用12%烯草酮乳油30～42 mL，作茎叶喷雾处理。

（8）烯禾啶　又名稀禾定、拿捕净、硫乙草灭、乙草丁，属环己烯酮类选择性、茎叶处理除草剂，常用药剂为12.5%乳油。该药对狗尾草、金色狗尾草、马唐、稗、看麦娘、千金子、野燕麦、雀麦、大麦状雀麦、画眉草、臂形草、旱雀麦、龙爪茅、牛筋草、野黍、狗牙根、白茅、匍匐冰草、假高粱、芦苇、大麦属、黑麦属等一年生和多年生禾本科杂草防效好，对阔叶杂草无效。施药时应注意邻近的水稻、麦类、玉米等敏感作物飘移药害。在甜叶菊出苗后、禾本科杂草3～5叶期，每亩用12.5%乙草丁乳油100～133.3 mL，作茎叶喷雾处理。捕净12.5%对甜叶菊种植田一年生禾本科杂草及阔叶杂草的具有防治效果，对甜叶菊安全，施药采用带扇形喷嘴的喷雾器人工喷施，最佳使用剂量为1 350 mL/hm²，杀草谱为藜、稗、狗尾草、野燕麦、牛筋草、刺儿菜等。

（9）二甲戊灵　属于苯胺类除草剂，纯品为橘黄色结晶固体，熔点54～58℃，溶解度为25℃水中0.275 mg/L，易溶于丙酮、甲醇、二甲苯等有机溶剂。广泛应用于棉花、玉米、水稻、马铃薯、大豆、花生、烟草以及蔬菜田的选择性土壤封闭除草剂。防除对象为一年生禾本科杂草、部分阔叶杂草和莎草，例如稗、马唐、狗尾草、千金子、牛筋草、马齿苋、苋、藜、苘麻、龙葵、碎米莎草、异型莎草等。对禾本科杂草的防除效果优于阔叶杂草，对多年生杂草效果差。

直播或移栽前每亩用33%二甲戊灵乳油150～200 mL，兑水15～20 kg，播种前或播种后出苗前表土喷雾。因北方棉区天气干旱，为了保证除草效果，施药后需混土3～5 cm。

（10）喹禾糠酯 商品名喷特，属芳氧羧酸类选择性、传导型、茎叶处理除草剂，常用药剂为4%乳油。该药可有效防除千金子、画眉草、牛筋草、早熟禾、稗、金色狗尾草、狗尾草、马唐、看麦娘、野燕麦、华北剪股颖、棒头草、硬草、野黍、双穗雀稗、龙爪茅、假高粱、狗牙根、白茅、偃麦草、雀麦、多花黑麦草、芦苇以及大麦属、稷属等一年生和多年生禾本科杂草。施药前注意天气预报，施药后应保持1 h无雨。施药应在无风或微风的早晚进行，风速超过3级（风速大于4 m/s）或长期干旱无雨、低温和空气相对湿度低于65%时应停止施药。在甜叶菊出苗后、禾本科杂草3~5叶期，每亩用4%喷特乳油50~66.6 mL，作茎叶喷雾处理。

（11）精喹禾灵 又名盖草灵、闲锄，属苯氧羧酸类选择性、传导型、茎叶处理除草剂，常用药剂为5%乳油。该药可有效防除牛筋草、看麦娘、画眉草、千金子、野燕麦、稗、狗尾草、金色狗尾草、马唐、野黍、多花黑麦草、毒麦、雀麦、早熟禾、双穗雀稗、臂形草、狗牙根、白茅、偃麦草、芦苇以及大麦属、稷属等一年生和多年生禾本科杂草，对阔叶杂草无效。施药时注意风速、风向，不要使药液漂移到小麦、玉米、水稻、粟、高粱等禾本科作物田，以免造成药害。在甜叶菊苗后、禾本科杂草3~5叶期，每亩用5%精禾草克乳油50~66.6 mL，作茎叶喷雾处理。

（12）吡氟禾草灵 又叫吡氟丁禾灵、精稳杀得，属苯氧羧酸类选择性、传导型、茎叶处理除草剂，常用药剂为15%乳油。该药对牛筋草、看麦娘、千金子、画眉草、稗、野燕麦、狗尾草、金色狗尾草、雀麦、早熟禾、野黍、白茅、偃麦草、狗牙根、双穗雀稗、假高粱、芦苇以及大麦属、黑麦属、稷属等一年生和多年生禾本科杂草具有很好的防除效果，对阔叶杂草无效。施药时注意风速、风向，不要使药液漂移到小麦、玉米、水稻、粟、高粱等禾本科作物田，以免造成药害。用机动喷雾机作业时，每亩用15%精稳杀得乳油50~66.6 mL，在甜叶菊苗后、禾本科杂草3~5叶期，兑水均匀喷雾。

（13）氟乐灵　又称茄科宁、氟特力、氟利克、特福力、特氟力，属二硝基苯胺类选择性、触杀型土壤处理除草剂，常用药剂为48%乳油。该药剂可有效防除狗尾草、金色狗尾草、大画眉草、牛筋草、千金子、稗、早熟禾、马齿苋、马唐、野苋、雀麦、看麦娘、野燕麦、反枝苋、萹蓄、繁缕、斜蒿草、酸模叶蓼、春蓼、藜、铁苋、蓼、龙葵、苍耳、苘麻、鳢肠、猪毛菜、蒺藜草和婆婆纳等多种一年生禾本科和小粒种子的阔叶杂草，但对中华苦荬菜、苦荬菜、白茅、狗牙根、车前、鸭跖草以及莎草科杂草等多年生杂草的防除效果差。施药时注意风向、风速，不要使药液漂移到黄瓜、番茄、甜椒、茄子、小葱、洋葱、菠菜、韭菜等敏感作物田，以免造成药害。施药后，后茬不宜种植高粱、粟、甜玉米等敏感作物。在甜叶菊播种前，每亩用48%特福力乳油 50~166.6 mL，喷雾处理表土后浅混土 5~7 cm，过 3~5 d 再播种甜叶菊。

（14）精恶唑禾草灵　又名骠马、高恶唑禾草灵、恶唑灵、维利、威霸，属苯基羧酸类选择性、传导型、茎叶处理除草剂，常用药剂为 6.9%水乳剂。该药可有效防除千金子、稗、早熟禾、马唐、看麦娘、狗尾草、虎尾草、臂形草、蟋蟀草、野黍、稷、牛筋草、画眉草、蒺藜草、龙爪草、双稃草、稷、剪股颖、野高粱、香蒲、玉米、狗牙根、虮子草、黍、鸭嘴草、李氏禾、狼尾草、苏丹草、罗氏草、雀稗、芒属、细穗题草、羊齿叶状乱子草以及黑麦草属等一年生和多年生禾本科杂草，对双子叶杂草及禾本科的节节麦无效。施药时注意风速、风向，不要使药液漂移到大麦、小麦、燕麦、青稞、高粱、玉米、水稻等禾本科作物田，以免造成药害。在甜叶菊苗后、禾本科杂草 3~5 叶期，每亩用 6.9%威霸水乳剂 50~66.6 mL，作茎叶喷雾处理。

（15）其他　选用 41%草甘膦异丙胺盐、百草枯、41%异丙草·莠、57% 2,4-滴丁酯、50%乙草胺乳油 5 种除草剂，在移栽甜叶菊幼苗前土壤喷施比较除草效果。试验结果表明，移栽后 15 d 综合防效分别为 80.83%、87.50%、74.33%、75.50%、70.00%；

30 d 综合防效分别为 65.33%、74.17%、63.00%、66.50%、65.33%；60 d 综合防效分别为 54.67%、64.00%、56.33%、58.17%、58.33%；其中，百草枯、草甘膦异丙胺盐、乙草胺、2,4-滴丁酯对甜叶菊幼苗均安全，而异丙草·莠对幼苗有一定的药害。因此，甜叶菊田芽前采用药剂防除杂草，优先选用的除草剂是百草枯，其次为 41% 草甘膦异丙胺盐，而 41% 异丙草·莠在菊田应慎用。

采用 4 种不同处理的除草剂对 4~5 叶期的甜叶菊进行处理，供试药剂使用剂量顺序为高效盖草能 10.8%EC 525 mL/hm²，精稳杀 15%EC 900 mL/hm²，精禾草克 5%EC 1 050 mL/hm²，拿捕净 12.5%EC 1 350 mL/hm²在田间常规栽培情况下，不同除草剂对甜叶菊生长期的安全性及防治效果的研究。有研究表明，施药后 14 d 和 45 d，拿捕净 12.5% EC 用药浓度为 1 350 mL/hm² 对靶标杂草防治效果均为最佳，而且对甜叶菊具有安全性，拿捕净 12.5% EC 对甜叶菊种植田一年生禾本科杂草及阔叶杂草的具有防治效果，对甜叶菊安全，最佳使用剂量为 1 350 mL/hm²，杀草谱为藜、稗、狗尾草、野燕麦、牛筋草、刺儿菜等。

第七章

甜叶菊的采收与收藏

一、采收

甜叶菊干叶为甜菊糖苷的提取原料，甜菊糖苷含量是其主要考察性状。甜叶菊叶片中甜菊糖苷含量随甜叶菊的生长发育波动，现蕾期其甜菊糖苷含量最高，因此，现蕾期是甜叶菊的最佳收获期，也是重要的农艺性状之一。掌握甜叶菊成熟特征，适时收获，对提高甜叶菊品质，保证丰产丰收，具有十分重要的意义。

1. 生理成熟期

现蕾与现蕾前 20 d 内甜叶菊叶含甜菊糖苷量最高，优质糖苷占总苷比值亦高。随着开花增多，含甜菊糖苷量下降，秋季营养生长小高峰后，含甜菊糖苷量出现回升趋势。甜叶菊茎、叶、花各部位的重量比例，随生长期而异。生育初期营养生长旺盛，叶部重量（干重）比例约占 70.7%，此时茎尚幼嫩，茎部仅占 29.3%，其后，植株逐渐强壮，茎趋木质化，茎部重量比例渐次上升，至末期茎部占植株重量比竟达 53.3%；相对而言，叶片所占比例渐次减少，至开花始期占 42.4%，开花盛期仅占 29.2%，此时花器比重则分别为 0.8%、17.7%。7 月下旬营养生长盛期、尚未开花时，叶部比例占 58.8%，其甜菊糖苷含量为 8.0%，8 月下旬始花期，叶部比重 42.4%，然而甜菊糖苷含量为 8.7%。此时单位面积收量及叶部比例均高，且糖苷含量最高，收获经济产值亦最高。9月上旬营养生长停止，叶中含甜菊糖苷量下降，至盛花期含量降至7.1%。茎中所含糖苷消长不明显，始终在1%~2%，花中含量初花时4.7%，盛花时2.9%。

由甜叶菊生育变化与糖苷含量之消长情况判断，为增加采收价值，应于花前、叶部比例高、茎部比例低、茎尚未木质化前，甜叶菊糖苷含量最高时收获。适时收获对甜叶菊叶的产量、品质提高均有重要意义。采收过早，叶片没成熟，叶部重量比例小、甜度低，产量和品质均受到损失。采收过晚使贮藏的甜菊糖苷解体变性，不但总含量降低，优质糖苷所占比例亦下降。

甜叶菊一般在9月甜叶菊开始现蕾时进行采收，现蕾5%左右时为最佳采收期。应选择在晴好天气的露水干后进行突击采收。脱下的叶片，可烘干或在自然阳光下晒干。

2. 工艺成熟期

甜叶菊含甜叶菊糖苷，它存在于植株各部分中，叶、花、根、茎、中均含有糖苷，其中，叶的甜叶菊糖苷含量最高，约占全株糖苷总含量的70%，所以叶片成为甜叶菊的最经济产物。

甜叶菊叶由幼苗期开始生长，叶内形成有机物质，大部分用于构成新细胞和进行呼吸作用等生命活动，积累很少。因此，幼嫩的甜叶菊叶组织松、水分多、干物质少、糖苷含量亦低。随着生长发育，叶片内贮藏物质逐渐增多，在增加生物产量的同时，糖苷含量逐渐增加，优质成分所占比例日渐增加。此时的植株物候期恰值现蕾前后，因此，现蕾期可谓甜叶菊工艺成熟期，亦即是收获适期。

3. 收获期的影响因素

（1）自然条件 甜叶菊为菊科短日照作物，开花期受日照长短制约。一般短日照的低纬度地区开花早，长日照高纬度地区开花迟，同期播种育苗的甜叶菊，在东北9月中下旬现蕾开花，而在广东则 6 月就现蕾开花，形成各地收获期差异。

北方温带区，一年生甜叶菊不能自然越冬，也不能自然采种，种甜叶菊主要采收干叶，加之长日照环境，甜叶菊营养生长期长，3 月育苗、9 月现蕾开花，收获期为 1 年 1 次。由于工艺成熟期长、甜叶菊长势好，产量可达 1 500~3 000 kg/hm²，含甜菊糖苷 10%~14%，干叶质量较好。华北地区，由于气温较北方高，日照时数减少，于 7 月中下旬现蕾，可于 8 月收获，或 7 月收获后 9 月再收一茬，也可不收干叶，只留种。

（2）种苗类型　甜叶菊从播种到分枝期，生育阶段长达 60 多天。在同一地域物候期也有差异，往往多年生植株，提早现蕾开花，故收获期要比一年生田块早。

（3）品种　甜叶菊为混合群体，品种混杂，物候期存在差异，有的田块个别植株 6 月底现蕾开花，也有的植株 8 月底还没开花。按不同物候期选育的品种，有早熟与晚熟不同类型，不同熟性品种，收获期也会有不同。

（4）收获次数　为了获得高质量、高产量的甜叶菊产品，各地均形成了不同收获期，又因自然条件影响，有些地方不得不在一年内进行多次收获，但收获次数与时间一定要搭配得当，收获次数多，有时可能达不到增产多收的目的。

4. 甜叶菊的收获方法

根据当地的天气预报，至少有 2 d 以上的晴好天气时采收。应于晴天上午在露水干后采收，可采用机械采收，没有条件的也可采用锋利镰刀或剪刀于植株茎基部 3~5 cm 处割剪采收。收割时防止带病老叶影响甜叶菊质量，防止桩蔸留绿叶太少，不要松动根系以免造成植株死亡，影响下茬。采收的茎叶要避免雨淋、堆闷，并在摘除黑叶、黄叶和枯叶后进行脱叶。可采用机械工具进行脱叶，也可直接用手抹下鲜绿叶片，注意杂质率要控制在 10% 以内。

（1）机械收获　用谷类收割机，割后枝条用低转速脱谷机脱叶。然后干燥、过筛、包装，一整套均用机械化操作。

（2）剪取法　用锋利修枝剪，按甜叶菊现蕾情况，分枝剪下，一般不一次剪光，要留部分枝条待下次再收，故又称半割法。此法优点不松动根系，保证收获枝条达工艺成熟，留枝可再生，增加下茬产量。多次收获地区应采用半割法，多留枝条，利于返青抽新枝叶，最后1次全割，是最合理的措施。一年秋季收1次，或一年收多次的最后1次收获，可以从地上部割取，在每年收2次或2次以上者，割取部位一定要注意留茬高度，一般留15~30 cm为好。如留茬过低，枯死株比率增加，留茬过高，下部叶收不到，损失过大，亦减产。

（3）割取法　一般用镰刀割取，适合一年收1次或一年多次收获的最后一茬用。多年生甜叶菊留茬5~15 cm，以备种根再生新芽，保护宿根芽，此法较省劳力，适合大面积收获。

5. 收获产量的估算

在收获前做好测产工作，对制订收获计划，准备农具晒场、仓库及包装等均有重要意义。测产可分预测和实测两次进行。预测在工艺成熟前期进行，实测在收获时进行。

（1）选点取样　选点和取样的代表性与测产结果的准确程度密切相关。为了取得具有最大代表性的样本，取样点应分布在全田，每块地应依照对角线选出5个点，即4个角及中间各1点，在点上选出有代表性植株。取样时除样本要有代表性外，并注意四周植株稀稠和生长情况。取样数目，实测时每点取20~50株，预测取样可较少，每个点取5~10株。

（2）测定方法　测定行、株距，缺株率，从而计算出每公顷实际株数。

①测定行距每块田测定10~20行，求出平均值。

②测定株距每块地选出3~5行，各行不要连在一起，应分别在全田，每行测量40~50株。求出平均株距；移栽田穴栽的测定

穴距，同时计算缺株百分率。

③计算每公顷实际株数

穴栽的每公顷实际株数 = ［10 000（m²）×（1-缺株率）×每穴株数］/（平均行距×平均株距）

条栽的每公顷实际株数 = 1 0000（m²）/（平均行距×平均株距）

④测定单株鲜叶重、干叶重

在选定样本的植株上采收鲜叶，及时晒干称干叶重。测定单株叶片数，在选定样本的植株上查数叶片数与百叶重相关值。

（3）计算产量

①预测法计算产量　按下式计算预测产量。

产量（kg/hm²）= 每公顷实际株数×百叶重×单株总叶片数×100

②实测法计算产量　按下式计算实测产量。

产量（kg/hm²）=（取样干叶重×每公顷实际株数）/取样株数

二、干燥、脱叶

甜叶菊的质量好坏，与收获后的干燥、脱叶、包装贮藏方法有很大关系。

1. 干燥方法

我国各地收获期不同，所处的气候条件亦不同，采用的干燥方法也不一致。晾晒后的干甜叶菊叶，以叶片保持绿色为最好。晒干要在清洁卫生的水泥地上摊晒，并薄晒勤翻。甜叶菊的鲜叶所含水分和糖分很大，在晾晒时，如果不通风透气，或遇雨受潮，水分散发不均匀，叶片干后，叶色暗绿或黑色，影响质量，所以，选择晴天进行收割，及时晾干。烘干的叶片要及时装袋并封闭袋口，然后存放于通风干燥、卫生洁净的专用仓库，要求仓库安装防鼠装备；叶片禁止与农药、化肥及其他杂物混放。

北方收获期正逢秋高气爽，可采用连秆割下，在秆上阴干脱叶方法。即在离地面3~5 cm处割下，晒1 d后，每20株捆1束，10束为1码，移入通风阴凉处，叶干燥后，边抖叶边手摘。

南方多次收获时，往往现蕾期正值气温高、湿度大、阴雨天多的气候条件，可在晴天收后，随收随摘叶，然后摊成薄薄一层晾晒。田间收后，摆在地中晒至半干，放于塑料大棚、玻璃温室或烤烟房干燥后脱叶。收后田间晒至叶半干，抖掉叶后用热风干燥机干燥，或用脱谷机脱叶，再用牧草干燥机干燥，这种方法效率高，最理想。

2. 不同干燥方法对产量质量的影响

烘干的叶片如需运输，则运输工具应保持洁净，且禁止与其他有毒有害物质混装，以避免叶片在运输过程中发生污染。在遇到连续阴天，或采取烘烤设备烘烤，烘烤温度控制在40℃左右。

自然干燥以晒干含甜菊糖苷量较高，阴干含甜菊糖苷量较低，烘干（60~100℃）温度高、时间短的干燥处理含苷量高，处理温度低含苷量下降。

从叶外观色泽看，先阴干后高温干燥效果好；但从含糖苷量分析看，快速高温干燥含糖苷量高；温度低，阴干的含糖苷量低。

干燥时要以保持甜菊糖苷不被破坏为原则，叶色绿，应尽量争取在短时间内快速干燥。

3. 干叶质量标准

甜叶菊叶的质量好坏关系到它的利用价值和经济效益。

甜叶菊叶晒干或烘干下线后，待温度降至常温时严格按照质量分级标准（表7-1）立即进行分级、包装。包装前应首先检测甜叶菊叶的整齐度、颜色及气味等性状指标，并测定水分、总糖苷含量及杂质含量等品质指标，将符合标准的产品打包捆压成件，每件50 kg。然后标明捆压件的品名、产地、规格、等级、毛重、净重、执行标准、生产单位及包装日期等并附上质量合格标志。批量包装还需附上批包装记录，包括品名、产地、规格、批号、重量、包装工号及包装日期等（表7-1）。

表7-1　甜叶菊干叶的质量分级标准

等级	叶整齐度	颜色	气味	含水量（%）	杂质含量（%）	病叶（%）	总糖苷含量（%）
特级	整齐	鲜绿	芳香	<10	<1.5	无	>15
一	整齐	鲜绿	芳香	<10	<3.0	<1	>13
二	有碎叶	草绿	芳香	<10	<5.0	<3	>12
三	有碎叶	草绿	芳香	<12	<7.0	<3	>10

4. 收获干燥注意事项

甜叶菊的收获、干燥、贮藏是一项连续性工作，哪一环节失误，都会影响干叶质量。根据不同气候特点、人力、晾晒条件，应因地制宜，灵活掌握。在实际操作中，要注意以下几点。

（1）收获期　要从甜叶菊现蕾前后开始收获。收前一个月不能施农药，以免干叶残毒超标。要选晴天上午无露水时开始收，以免叶带水过多，不易干燥且发黑变质。

（2）收获量　要根据晒场、人力、机械等条件而定，如果一次收量过多、堆大堆、或打捆阴干、捆大捆都会促使叶发霉变质，失去利用价值。

（3）脱叶　脱叶时，要先去除病叶、烂叶，轻轻摘叶，不要用力过猛，将叶揉挤变形、变色。晒后摘叶要在叶干茎不干时抖落叶片，尽量少用工具打叶，以免茎秆折断，叶子破碎，增加杂物。

三、包装贮藏

甜叶菊叶子易吸湿软化，当天晒干的叶子，除掉杂质，只要达到优质叶标准，就要马上装入塑料袋中密封好。一般 5 kg 鲜叶可晒成 500 g 干叶。干叶体积很大，不便运输和贮藏。大量生产及出口的收购站，采用干燥压缩机，把干叶压缩打捆，成块状，每块 10 kg，再装入塑料袋中封存。

用机械打包，压缩体积为每吨 2.25 m³，既便于贮存，又便于运输，降低成本，保持干叶质量，值得推广利用。包装好的干叶，在运输、贮藏过程中，一定要注意放在通风干燥场所，尤其雨季更要防止发霉变质。要勤检查，有发热变黑叶，马上要摊开晾好，以免甜菊糖苷转化成其他物质，影响加工应用。

甜叶菊含糖很高，吸潮性强，所以，储藏保管很重要。水分含量应在 8% ~ 10%，采用塑料复合编织袋和无毒塑料袋包装，扎好袋口，进行贮藏。在防潮设备差的地方应做到随时收购，随集运，及时打包成件，达到甜叶菊的安全贮藏。

包装好的成品应在低于 25℃ 的常温、相对湿度低于 70% 的条件下避光、通风贮藏。应尽量使用专用运输工具进行运输；如果使用非专用的运输工具，应保证运输工具清洁无污染，以避免禁用物质污染产品。

第八章

甜叶菊的抗性研究

一、干旱胁迫

    甜叶菊耐旱性差，遇到不同程度干旱胁迫，体内生理生化指标会有不同的响应。任广喜等（2012）研究表明，随着干旱时间的持续，甜叶菊体内可溶性蛋白质逐渐下降，相对电导率较平稳地显著增加；SOD 与 POD 的活性均表现出先升高后降低再升高的变化趋势。植物遇到干旱时，为增加对外界不良环境的适应能力会降低地上部的生物量，不同基因型甜叶菊在遭受不同程度的干旱时，单株干叶产量均呈现下降趋势，但干旱对甜叶菊叶片中的糖苷含量并无显著性影响。在轻度和中度干旱胁迫下，不同基因型甜叶菊的抗氧化作用和渗透调节能力有升高趋势，但是在重度干旱胁迫下，植株的生物膜结构遭到破坏，代谢紊乱，生理作用受到严重影响。

二、盐碱胁迫

    植物在遭受盐碱胁迫时，体内生理代谢会发生改变，膜系统结构破坏，有害代谢产物积累，影响植物正常生长。NaCl 对甜叶菊生长的影响表现出高浓度抑制、低浓度促进的趋势，低浓度 NaCl胁迫下甜叶菊通过增加叶生物量适应低盐胁迫。季芳芳等

（2012）研究表明，初期 $0 \sim 20$ mmol/L 低浓度 NaCl 处理可促进种子发芽，种子萌发可忍耐的 Na^+ 浓度为 $0 \sim 80$ mmol/L；碱性盐对甜叶菊种子的抑制作用大于中性盐，抑制性总体表现为 $Na_2CO_3 >$ $NaHCO_3 > Na_2SO_4 > NaCl$。董海涛等（2015）研究表明，$0 \sim$ 44 mmol/L NaCl 浓度有利于甜叶菊移栽苗的生长。绳仁立等（2011）研究表明，不同浓度 NaCl 和 Na_2CO_3 混合盐碱胁迫会对不同品种甜叶菊生长造成损害。原海燕等（2011）研究表明，随着盐胁迫浓度的增加和处理时间的延长，不同甜叶菊品种的脯氨酸含量均有所增加。甜叶菊种子具有一定的耐盐性，但其抗盐碱性较弱。种子在盐生环境选择压力下所获得的抗逆性可遗传给下代。

利用不同浓度 NaCl 溶液处理甜叶菊种子，研究 NaCl 对甜叶菊种子的萌发和幼苗生长的影响。结果表明：NaCl 对甜叶菊种子萌发的影响表现为低促高抑效应。浓度<0.3%时表现为促进作用，浓度≥0.3%时表现为抑制作用，盐分浓度越高，对甜叶菊种子萌发的抑制作用越明显；甜叶菊幼苗生长状况随 NaCl 浓度的升高呈现先升后降的趋势。由此说明，当 NaCl 浓度≥0.3%时，对甜叶菊的种子萌发和幼苗生长影响明显，也说明甜叶菊的耐盐性相对较弱，不适宜在盐浓度较高的环境中生长。综合结果表明，耐盐甜叶菊可能主要通过脯氨酸及离子选择性吸收来调节植物抗盐性。

不同浓度 NaCl 胁迫对甜叶菊移栽苗生理生态特性的影响。结果表明：NaCl 对甜叶菊移栽苗生长的胁迫表现为低促高抑的效应，即 $0 \sim 44$ mmol/L 浓度下，NaCl 处理对甜叶菊移栽苗光合作用和生长具有促进作用；$44 \sim 140$ mmol/L 浓度下，甜叶菊光合参数、干叶产量、长势等逐渐下降；大于 140 mmol/L 浓度下，甜叶菊将不能存活。低浓度 NaCl 胁迫下，甜叶菊叶生长量增加，而茎和根的生长量与其他 NaCl 胁迫一样，表现为增长量降低。甜叶菊通过增加叶生物量适应低盐胁迫，是甜叶菊叶子的增产新机制，为生物量的分配研究提供了新的佐证。

1. 盐胁迫对甜叶菊叶片叶绿素含量的影响

叶绿素是植物进行光合作用的主要色素，逆境胁迫下植物叶片中叶绿素的破坏与降解会直接导致光合作用效率降低，使植物长势减缓、生物量降低。在盐胁迫下，甜叶菊的叶绿素含量因品种差异而有所不同。有研究表明，NaCl 浓度为 3.0 g/L 和 4.5 g/L 的盐胁迫下，守田 2 号和中山 3 号的甜叶菊叶绿素含量均表现为升高的趋势，说明盐胁迫可能促进它们的叶绿素合成。

2. 盐胁迫对甜叶菊叶片丙二醛、脯氨酸含量的影响

在衰老或逆境条件下，生物膜中的不饱和脂肪酸与自由基发生过氧化反应，使膜中不饱和脂肪酸含量降低，导致膜流动性下降、透性增大，其正常功能遭到破坏。膜脂过氧化分解的终产物之一是丙二醛（MDA），其数量不仅反映膜脂的过氧化程度，而且其在植物体内的积累还会对膜和细胞造成进一步的伤害，因此，植物组织中 MDA 的含量是反映植物遭受盐胁迫伤害程度的另一个重要指标。在不同盐浓度胁迫处理后，守田 2 号和中山 3 号的 MDA 含量均降低，而中山 2 号、中山 4 号和守田 3 号的 MDA 含量均有不同程度增加，其中，在相对低盐胁迫下，中山 4 号丙二醛含量相对增加。

脯氨酸（Pro）是植物细胞中重要的、有效的有机渗透调节物质，盐胁迫会引起植物体内脯氨酸的积累，这对植物适应高盐浓度造成的渗透胁迫有重要意义。有研究发现，中山 2 号、中山 4 号和守田 3 号叶片脯氨酸含量均随盐胁迫浓度的增加而增加，表明高盐胁迫处理刺激了中山 2 号、中山 4 号和守田 3 号甜叶菊幼苗叶片内脯氨酸的合成，提高了脯氨酸的渗透调节能力。

3. 盐胁迫对甜叶菊叶片 SOD、POD 活性的影响

作为保护酶系统重要组成部分的 SOD、POD 能维持体内活性

氧产生与清除的动态平衡、降低自由基的毒害，而逆境胁迫往往使这种平衡受到破坏。该条件下，活性氧清除能力的强弱就成为植物抗逆性强弱的重要标志。在盐胁迫下，甜叶菊的 SOD 和 POD 活性被诱导，有研究发现，不同盐浓度、不同处理时间下，在相对高盐浓度下，随胁迫时间延长，中山 2 号和中山 4 号的 SOD 活性均呈现下降趋势，中山 3 号和守田 2 号的 SOD 活性均呈先升后降的趋势。中山 3 号和守田 2 号能完全清除盐胁迫所产生的过多的活性氧，从而使两者的 SOD 和 POD 活性增大。当盐浓度达到一定量后，两者 SOD 和 POD 的活性受到抑制，酶活力降低。

三、植物生长调节剂研究

植物生长调节剂在提高作物产量、改善产品品质、提高作物抗逆性等方面具有重要作用，不同种类及浓度的生长调节剂对甜叶菊生长的影响效果不同。喷施赤霉素使得甜叶菊株高、节长增大，叶长、叶宽减小，叶长宽比值增大，单株干叶产量降低。赤霉素浓度小于 200 mg/L 对甜叶菊扦插苗的生根具有促进作用，其中，赤霉素 100 mg/L 对甜叶菊扦插生根促进作用最大，赤霉素大于 300 mg/L 对甜叶菊扦插苗生根有抑制作用；苗期喷施适量的水杨酸可使甜菊糖苷含量、瑞鲍迪苷 A 含量、单株叶干重增大，高浓度水杨酸会抑制植物生长，水杨酸浓度为 2 mg/L 时效果最佳。喷施植物生长调节剂能够提高甜叶菊叶片对外界逆境的抗性影响。外施植物生长调节剂 S-Y，可促进甜叶菊的整体生长发育，提高整体产量及甜菊糖苷的含量，促进脯氨酸在植株体内的积累，增强植株对不良环境的抵抗能力。在组织培养过程中，合理利用植物生长调节剂可促进物体生根和增殖。

研究发现，不同浓度的吲哚丁酸和萘乙酸组合处理能明显引起甜叶菊株高、叶长、叶片数的增加，增加干重，提高产量。

75 mg/L 吲哚丁酸+ 75 mg/L 萘乙酸能显著促进甜叶菊营养生长。许多学者研究发现，喷施植物生长调节剂可以有效地延迟甜叶菊的开花时间，而不同的植物生长调节剂，作用效果不同。在甜叶菊叶面喷施 75 mg/L 吲哚丁酸+75 mg/L 萘乙酸，可以明显延迟开花时间，延迟天数为 12 d。

　　哚丁酸和萘乙酸不仅可以调节植物的生长，对植物体内活性成分的积累也有着一定的影响。研究发现，在甜叶菊叶片表面喷施不同浓度的吲哚丁酸和萘乙酸对甜叶菊中总黄酮、总糖和甜菊糖苷的含量都有一定的影响。当吲哚丁酸和萘乙酸组合液浓度为 25+75 mg/L 和 75+75 mg/L 时，甜叶菊中总黄酮、总糖和甜菊糖苷含量很高。表明植物生长调节，可能促进了甜叶菊中其他糖类转变为甜菊糖苷。

第九章

甜叶菊的品种选育

一、品种的重要性

良种在农业生产乃至在国民经济中具有不可替代的重要作用，良种在全球农作物增产中的作用占 25% 以上。新中国的农业发展史中，在提高单产的农业技术中，优良品种的作用一般为 20%～30%，有的高达 50% 以上。

农作物的品种选育是种子工程的第一个重要环节和核心组成部分，它通过改造农作物的遗传个体和群体结构，创造和选育适合人类生产、生活所需要的农作物新品种及培育农作物新品种所需要的新育种材料、亲本材料，并通过种子生产、加工、推广等一系列环节，发挥良种在农业增产中的重要作用。所以说品种选育是种子工程体系中的源头、龙头和基础，是种子产业化的突破口和瓶颈。

我国虽已成为世界最大的甜叶菊种植和出口国，但甜叶菊品种市场存在品种杂乱、退化严重等问题，此外，我国拥有自主知识产权的优良品种还较少，严重制约着甜叶菊的种植开发和推广。

甜叶菊优良品种的研发选育与优质的甜菊糖苷的生产紧密相连，加强对高糖苷含量、高产量及抗逆性强的甜叶菊种源的筛选、选育、研究，是加强甜叶菊产业稳定发展的重要任务之一。

二、品种的发展过程

1. 我国甜叶菊品种的演变及特征

1977 年，我国从日本、泰国引入辽阳 1 号、冀郸、鲁淄、苏武、浙禾、湘汝、蜀剑、新石、云日、云宾、闽浦、粤花等 10 余个不同类型的甜叶菊品种。1985—1986 年，中国农业科学院作物品种资源研究所对这些甜叶菊进行品种筛选试验，结果显示，新石、云宾的产量最高，云日的糖苷含量最高。1989 年，江苏省中国科学院植物研究所从云日品种中成功选育出新品种中品 1 号，总苷含量为 17.89%，此前，日本的守田系列品种 RA 苷/总苷量较高，其中，守田 2 号是高产品种，守田 3 号是高 RA 苷含量品种，2002 年，中国科学院植物研究所利用中山 1 号与守田 3 号杂交成功选育出中山 2 号。该品种早熟、瑞鲍迪苷 A 含量高，具有抗逆、抗病性强、耐不低于 5℃的低温、宜生根、分枝多等特点，适宜栽培密度为 135 000 ~ 165 000 株/hm²，平均产量为 2 700 ~ 3 000 kg/hm²。2009 年，谱赛科公司成功选育出谱星一号。该品种全生育期 120 d，分枝多，叶小，抗逆性强，平均产量为 3 283.05 kg/hm²，适宜在江西等地种植。2011 年，安徽省蚌埠永生农业科技有限公司成功选育出惠农 1 号、润德 1 号、惠农 2 号和惠农 3 号；安徽大学和安徽江淮分水岭农作物品种试验站联合成功选育出甜菊新品种明菊 1 号，其为中偏晚熟型品种，叶面积大，根系发达，适应性广，喜中性土壤偏酸土壤，喜高温，最适宜生长温度为 25 ~ 29℃，产量约为 3 270 kg/hm²。

2012 年，东台市农业技术推广中心成功选育出甜菊新品种江甜 1 号，该品种生长势强，抗倒伏，抗病性强，生长期间不易发生病害，耐高温、耐旱能力强、抗倒性强、耐涝力弱；人工脱叶方便，叶茎比高，干叶产量为 6 000 kg/hm²，适宜种植密度为 150 000 株/hm²；安徽大学采用离子诱变选育法成功选育出甜菊新品种安甜菊 2 号，该品种根系发达，适应性强，喜中性或偏酸性土壤，适宜种植温度为 19~25℃。

2013 年，中国科学院植物研究所以中山 4 号为母本、中山 3 号为父本杂交成功选育出中山 5 号。该品种分枝能力强，抗逆抗病性较好，适应性广，为高 STV 苷甜菊品种，适宜种植密度 135 000~165 000 株/hm²，干叶产量为 4 110 kg/hm²。

2014 年，东台市农业技术推广中心利用江甜 1 号中的紫红色变异株成功选育出甜菊新品种江甜 2 号，该品种苗期喜氮，适宜早栽，适宜种植密度为 105 000 株/hm²。

2015 年，中国科学院植物研究所利用中山 4 号与中山 3 号杂交成功选育出甜菊新品种中山 6 号，该品种喜湿润，忌水、旱，适应性较强，病虫害少，扦插生根及分枝能力较强，适宜种植密度 135 000 株/hm²，干叶产量为 3 334.5 kg/hm²，是高总苷、高瑞鲍迪苷 A（RA）苷型甜叶菊品种，适宜在江苏省甜叶菊产区种植；中国科学院植物研究所利用中山 3 号与中山 4 号杂交成功选育出甜菊新品种甜种 1 号，该品种适应性、抗逆性强，适宜在北方种植。

2. 我国甜叶菊的主要育种方法

当前，育种技术日新月异，现代农作物育种技术已发展成为集遗传、育种、栽培、病理、昆虫、生物统计、生理生化、生物技术、农业物理、农业气象等学科领域的综合性工程科学。在现代育种手段中，除常规技术外，生物技术、基因工程、杂种优势利用，离子束育种，辐射育种、航天育种等已被广泛应用到育种研究中。

常规的植物优良品种获得的主要途径：一是通过系统选育的途径从野生或栽培品种中筛选。二是通过杂交育种获得优良品种。前者多采用连续的人工选择方法，后者是有性杂交和无性杂交，但常常采用的是有性杂交，即采用不同特性的亲本植物进行交配。杂交所产生的种子为杂种，具有较强的生命力、较优良的性状和容易变异等特征，从杂种中容易选择和培育出人们所需要的优质高产新品种。

我国甜叶菊主要的育种方法有选择育种、诱变育种、多倍体育种、群体改良、杂交优势育种、生物技术育种等。诱变育种中有化学诱变剂育种、粒子辐射诱变育种等方法，例如采用 EMS 诱变剂育种、重粒子辐射物理诱变育种等；多倍体育种是用秋水仙素对甜叶菊的种子和再生组织等进行处理，以获得多倍体研究的育种方法；群体改良是育种家反复试验，挑选优势群体，剔除不良单株，进而对甜菊群体进行改良。此外，还有采用组织培养、分子标记辅助育种等生物技术方法进行甜叶菊品种的选育。

3. 甜叶菊品种的未来发展趋势

种质资源是培育甜叶菊的基础，培育新品种是增加生产、丰富种质资源的主要途径。利用分子标记筛选优质栽培资源，培育新品种，可减少育种工作量，缩短育种时间。

产量高、糖苷含量高、糖苷优质、抗性强、适应性广是未来甜叶菊育种目标。甜叶菊的高产则要求株型理想、抗倒伏、分枝性强、再生性、宿根性好、叶面积较大、叶厚、营养生长期长、中晚熟品种；甜叶菊的优质则要求干叶产量高、叶大而厚、抗逆性强、糖苷含量高、味质甘醇等，二者有机结合，才会有长足的发展。

甜叶菊为异花授粉植物，具有自交不亲和性，自交结实率低于0.5%，因此，通过多代自交获得纯合种质的难度较大，阻碍了自交系和纯合体在甜叶菊遗传育种中的研究和应用。研究发现部分甜叶菊品种自交授粉后可以形成幼胚，甜叶菊的自交不亲和性除了受精前障碍外还存在受精后障碍，受精后障碍导致幼胚败育无法形成成熟的种子。

甜叶菊育种的目的是提高产量和糖苷含量。与这两个性状有关的又多属数量遗传，往往受基因累加作用控制，故揭示数量性状变异规律，对提高选种效果有重要意义。研究结果表明，同一性状在不同环境下的变异趋势相同。稳定性状有移栽前叶对数、节数及收获时株高、节数和叶长；不稳定性状有分枝数、干叶、鲜叶、干茎及鲜茎产量。与产量呈显著相关的性状有株高，株高又与节数、分枝数、茎粗呈极显著正相关。故可选枝叶繁茂的高大植株为丰产型品种。

与含糖量呈显著或极显著正相关的性状是叶长与叶宽。大叶植株可提高含糖量。另外，总苷量与甜菊糖苷含量都与干叶产量呈不显著正相关。可见，选择高产品种的同时，可不断提高总苷量及甜菊苷含量，这是其他糖料作物不具备的优点；但是瑞鲍迪苷A含量与产量呈不显著负相关，故选种要注意这两个性状的协调搭配。

甜叶菊为自交不亲合的异花授粉植物，在生产上多无性繁殖。长期以来的无性繁殖造成品种退化，产量和糖苷含量下降，影响了甜叶菊生产发展。因此，不断推出优良甜菊品种，是甜叶菊产业持续和稳定发展的重要任务之一。甜叶菊是自交不育的异花授粉植物，在遗传学上是异质性很强的杂合体，实生植株的形态特征和甜味成分含量都有明显的差异，为通过实生植株的形态、甜叶菊总苷的含量特别是甜菊糖苷的组成等性状，筛选甜菊优良单株提供了先决条件。

甜叶菊为自交不亲和的异花授粉作物，群体的基因组成多属杂合型，遗传性不稳定，给选种工作带来一定困难。为了克服群体遗传不稳定性，目前多采用组织培养和无性繁殖法来稳定后代。

EST-SSR分子标记重复性好且多态性条带清晰，易于辨认和区分，比较适合用于甜叶菊分子标记。同时，DNA浓度没有较高要求，在植物遗传和育种工作中得到普遍应用。同时，随着先进的测序技术被开拓和生物信息学相关软件的不断完善，为大范围的全基因关联分析提供有力帮助。关于植物重要农艺性状关联分析相关研究很多，但是，针对甜叶菊重要农艺性状关联分析的研究很少，因此，利用关联分析的方法对甜叶菊重要农艺性状进行关联分析，以挖掘出与甜叶菊重要农艺性状极显著相关的标记，分子标记选择辅助甜叶菊育种。

根据杂种优势的理论和甜叶菊既能有性繁殖，又能无性繁殖的特性，围绕叶产量高，总苷含量高，瑞鲍迪苷 A 含量高，抗性强的育种目标，按照选育优良单株，繁育优良单株无性系，选配优良组合，繁育杂交种试验推广栽培这 4 个步骤循环不断地进行，可以使甜菊杂交种不断推陈出新，品质不断提高，而且还可根据市场需求选配组合，培育甜叶菊新品种。

（1）选育优良单株　一般以 RA 苷组分在甜叶菊总苷中的含量和比例的高低作为衡量甜叶菊品种及甜菊糖苷品质的主要指标。从甜叶菊糖生产成本考虑，提高甜叶菊总苷的含量和总苷中 RA 的比例，可以达到提高产品质量和产糖量，减少工艺流程和降低成本目的。因此，甜叶菊良种选育的目标，一是选育高 RA/总苷比例的优良品种，从根本上提高产品质量；二是选育高总苷含量的品种，提高产量，降低成本。因此，不断推出优良甜菊品种，是甜菊产业持续和稳定发展的重要任务之一。甜叶菊是自交不育的异花授粉植物，在遗传学上是异质性很强的杂合体。

甜叶菊为自交不育的异花授粉作物，群体的基因组成是杂合型，遗传性不易稳定，有利变异和有害变异同时被保留，这给选择有利变异的优良单株带来很多的机遇和可能。采取在不同地区及甜叶菊不同的生长阶段，根据不同的生长性状，选取单株进行单株栽培，在生长期各个阶段进行观察、记载，对叶含苷量进行测试，综合考虑的方法选出优良单株。对优良的的单株，第 2 年再测试，以确保选出的优良单株的可靠性。将选出的优良单株的叶含苷量进行测试，与现行有性栽培的普通品种和无性栽培的品种进行比较。

（2）繁育优良单株无性系　甜叶菊具有性繁殖，也有无性繁殖的特性，把选育的优良单株进行无性繁殖以保持其优良性状，逐一形成单株无性系。对选出的植株进行快繁和田间试验。无性繁殖后，进行田间试验，并对其进行稳定性鉴定和农艺性状评定。

（3）选配优良组合　把选育的优良单株选配多个组合进行杂交，分别采收每个组合的杂交种子。第2年将各个组合的杂交种子进行育苗，进行多重复小区对比试验，通过测定产量、总苷含量、RA苷含量选择优良的组合。

（4）繁育杂交种　选择优良的组合繁育杂交种，并对杂交种进行品种比较试验、栽培试验、生产试验，再进行推广栽培。

三、河西地区甜叶菊短日照处理杂交制种技术

甘肃河西地区主要通过种子育苗、扦插育苗进行种苗的培育。由于甜叶菊属于短日照作物，不能在河西地区自然采收种子，引进的生产用种子质量极不稳定，几乎是经过连续多年自产自繁的混交种子，并且这种混交种子的品质逐年退化，严重影响甜叶菊原料的品质。

甜叶菊的自然杂交与制种：通过多个优良甜叶菊品种交互栽培种植，自然和配合辅助人工授粉获得杂交后代，其干叶甜叶菊糖苷总苷的平均含量较高，总苷可达到15%~18%，RA/总苷达60%~65%。因此认为，通过此种方法可为生产优良甜叶菊种子提供可行的途径。

甜叶菊的定向杂交与制种：通过2个优良甜叶菊品种交互栽培种植，自然和配合辅助人工授粉获得杂交后代，其杂交后代（种子育苗生产）干叶甜叶菊糖苷总苷的平均含量更高，总苷可达到16%~19%，RA苷/总苷达60%~69%。因此认为，通过此种方法可为生产优良甜菊种子提供可行的途径。

甜菊花序属头状无限花序，自花不孕，种子细小，成熟度差异较大，发芽率低。甜叶菊属于对光照敏感性强的短日照植物，临界日长为12 h，最佳生长时期为100~120 d。在河西高纬度地区的自然气候条件下不能开花结实，或开花晚，早霜来临时种子很少成

熟，种子发芽率低，生产用种只能依靠从安徽、江苏等南方地区引进。

1. 甜叶菊花与种子的形态特征及开花结实习性的观察

（1）试验区概况　试验设在武威市凉州区，位于 $101°59'\sim$ $103°23'E$，$37°23'\sim38°12'N$，地处甘肃省西北部，河西走廊东端，祁连山北麓，平均海拔 1 632 m。总面积 50.81 万 hm^2，农用地 20.6358 万 hm^2，境内地形主要有山地、走廊平地和沙漠等类型。属温带大陆干旱气候，具有干旱少雨、日照充足、昼夜温差大的特点。凉州区水资源分布于石羊河中上游地区，地表水、地下水总的可利用量多年平均为 9.616 亿 m^3，年平均降水量 100 mm，年蒸发量 2 020 mm，主要风向为西北风，静风率 26%，年平均温度 7.7℃，全年无霜期 143 d 左右，日照时数 2 873.4 h，太阳总辐射量 139.05 $kcal/cm^2$，日照百分比为 67%；太阳辐射量为 138.45 $kcal/cm^2$，属太阳辐射量高值区，昼夜温差平均 7.9℃。气温以 7 月最高，为 29℃，1 月最低，为-14.9℃。多年平均降水量 160 mm，年蒸发量 2 020 mm。境内降水稀少，土壤肥沃，光热资源充足，昼夜温差大，有利于农作物干物质的积累，特别是适于甜叶菊等糖料作物糖分的积累，是甜叶菊种植的理想地区。

（2）材料与方法　试验材料为无性扦插繁殖的"谱星 1 号"。在盛花期，选取发育进程基本一致的头状花序 30 个进行标记并定点观测，每天 9:30—11:30 和 15:30—16:30 观察 2 次。小花开放前记录花冠筒长度、花冠筒颜色、小花开放时间；小花开放后记录柱头伸长情况、授粉生物访花情况、柱头和花瓣萎蔫情况等。

（3）结果与分析　据 3 年观察，甜叶菊先从主茎顶部开花，然后自上而下、由内向外呈螺旋状开放，各分枝的开花顺序与主茎一致，一个花序先是中间开放，然后分别外展。甜叶菊花为两性花，花为头状伞房总状无限花序，直径 3~5 mm，总苞花萼，总苞绿色，5~6 片，近等长，背面被短柔毛，一个总苞中有 4~6 个小花集生。小花花冠白色，5 裂，喇叭口状外展，基部联合成筒状，呈淡紫色或白色。小花有雄蕊 5 个，全着药，花丝分离，着生于花托。花药位于柱头下方，围绕花柱着生，为聚药雄蕊。雌蕊 1 个，由 2 个心皮构成，

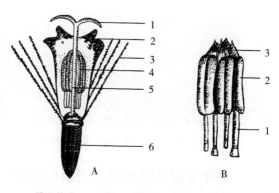

A　1 雌蕊柱头　2 花冠　3 冠毛　4 雄蕊　5 花柱　6 子房
B　1 花丝　2 花药　3 花药尾部

图 9-1　甜叶菊开花与小花特征

下位子房，1 室有 1 个胚珠，花柱细长，开花后，柱头从花药筒顶端小口伸出，呈 "Y" 形张开（图 9-1）。柱头和花柱上端被包裹在花药筒内，形成类似合蕊柱的柱状结构。自花不孕，每个总苞花序可结实 5~7 粒种子。

传粉生物学观测发现，蜜蜂经常前来采集花粉，也常发现蓟马经从花冠筒口处进入小花内取食花粉，偶有蝴蝶探入花冠筒内吸食花蜜。以蜜蜂和蓟马的访问频率最高，蝴蝶的访问频率最低。

甜叶菊种子为瘦果，呈纺锤形，由冠毛、籽实皮、种皮和胚等 4 部分组成（图 9-2）。表面有 5~6 条灰色的凸状纵纹，顶端有 20~22 条黄褐色冠毛，长 5~7 mm，呈倒伞状展开。种子小而细长，线形稍扁，一般长 3~4 mm。成熟的种子为黑色或黑褐色，千粒重 0.25~0.42 g，成熟度差异较大。未成熟的种子冠毛闭合不展开，种子细长，外观干瘪，黄白色。

在河西地区的夏季日照时数 15 h 以上的条件下，9 月下旬现蕾，10 月初开花，开花授粉的胚珠经 25~30 d 发育成种子，10 月气温较低，早霜来临，自然结实率很低，成熟度差，难以收获合格的种子。

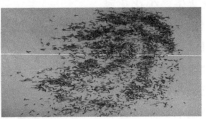

图9-2　甜叶菊种子

2. 甜叶菊短日照处理杂交制种技术

（1）材料与方法　从历年选择的优良单株中，选配组合，尽量从远源系谱中选择产量高、总苷含量高、RA苷含量高、抗性强、农艺形状良好、花期基本一致、亲和性良好、结实率高的两个优良株系组合进行杂交制种。本试验父本来源于谱星1号稳定株系，母本来源于江甜1号稳定株系。

将选定的父、母本优良株系进行无性繁殖，采用扦插育苗的方法，将2个亲本分片扦插，苗高10~12 cm，7~8对真叶，苗龄达到50 d，4月下旬气温稳定到10℃时即可定植。定植地选择在建好的拱形温棚，土地准备工作及覆膜与甜叶菊大田种植相同。移栽时分别将2个不同的甜叶菊亲本株系定植在同一拱形棚，以利于甜叶菊父母本进行相互杂交。1膜4行，父本和母本各2行，1:1相间定植，株行距40 cm×20 cm，亩定植9 000~10 000株。7月上旬进入生长盛期（移栽后60 d左右），当甜叶菊出现15对叶片、株高约30 cm时进行遮光处理。处理的方法是，每天18时左右采用农用黑色塑料布封盖拱棚，在翌日早晨8时揭去遮光物，使甜叶菊植株每天见光时间小于10 h，连续处理20 d，到现蕾时停止遮光处理。甜菊种子成熟后冠毛呈倒伞状张开，会借助微风四处飘散，应及时采收。记录种子特征、统计产量、测定发芽情况。

（2）结果与分析　遮光处理对开花、结实的影响见表9-1。

甜叶菊为短日照作物，其临界日照为12 h，在河西地区自然条件下，夏季日照长达15 h，所以，开花偏晚。正常植株如不进行人工遮光就无法收到成熟的种子，能否正确进行遮光处理，是制种成败的关键。4 年的遮光处理试验结果来看（表9-1），甜叶菊父母本5 月上旬定植，通过30~60 d 的生长，7 月上旬进行遮光处理，每天18 时左右采用农用黑色塑料布封盖拱棚，在翌日早晨8 时揭去遮光物，使甜叶菊植株每天见光时间小于10 h，20 d 后即7 月下旬现蕾，撤去黑色遮光膜。7 月下旬至8 月上旬开花，现蕾至开花期间日平均温度20.8~23.5℃。开花后要进行人工辅助授粉，每天上午9—10 时将相邻开花的父母本植株轻轻往一起靠近，互相触碰摇动即可。8 月下旬至9 月上旬种子陆续成熟，开花到种子成熟期间日平均温度20.7~26.5℃。

表9-1　遮光处理试验结果

处理日期时间	移栽日期（日/月）	移栽至处理天数（d）	处理前株高（cm）	处理天数（d）	现蕾期（日/月）	现天蕾至开花数	开花期（日/月）
2016.6.15	15/5	30	26	25	10/7	15	25/7
2017.6.25	10/5	45	30	20	15/7	18	3/8
2018.7.2	1/5	60	35	20	21/7	20	10/8
2019.7.1	1/5	62	37	20	22/7	22	12/8

处理日期时间	现蕾至开花日平均温度（℃）	种子成熟期（日/月）	开花至成熟天数（d）	开花至成熟平均温度（℃）	单株平均种子质量（g）	发芽率（%）
2016.6.15	22.5	27/8	32	22.4	5.2	65.6
2017.6.25	20.8	5/9	30	20.7	6.5	71.4
2018.7.2	21.5	12/9	32	23.3	6.8	69.5
2019.7.1	23.5	12/9	30	26.5	7.5	72.3

　　种子成熟后选择晴天无露水、无大风的天气，在10 时以后进行采收种子。一般2 d 1 次，采种方法是套袋摇株或应用甜叶菊种

子专用采收装置。采收的种子要注意适当晾晒，保持干燥，除去杂质，装入布袋置于阴凉通风处保存。2016—2019 年测定，平均单株收获种子 5.2~7.5 g，按收获株数 75%计亩产量可达 39~56.3 kg，4 年平均发芽率为 69.7%，对于甜叶菊种子来说是比较高的。

通过 4 年的短日照处理试验，总结出以下试验结果。

甜叶菊是自交不育的异花授粉植物，甜叶菊的自然杂交率高达 95%以上，致使甜叶菊不具有高度纯合的基因型，实生单株在遗传性上是异质性很强的杂合体，无性繁殖是保持甜叶菊良种特性的较好方法，因此，优良单株的选择是杂交制种的基础。

甜叶菊为短日照作物，其临界日照为 12 h，在河西地区自然条件下，正常植株如不进行人工遮光，就无法收到成熟的种子，能否正确进行遮光处理，是制种成败的关键。短日照处理应在甜叶菊生长盛期进行，在生长盛期进行短日照处理的，其单株种子量就多，在未进入生长盛期而进行短日照处理的，单株种子量就少。因此，要做到早育苗，早移栽，促苗早发和营养生长，在进行短日照处理时，甜叶菊植株高度至少应在 30 cm 以上。同时，由于从短日照处理到种子成熟需要 70 d 左右的时间，故处理时间应在 7 月上旬前后进行。

在甜叶菊短日照处理至现蕾后继续延长处理天数，其花期早与晚、集中与分散，成种早与晚以及单株种子量的多与少均无明显的差异。因此，甜叶菊的现蕾应视为短日照处理的终期，处理天数应为 20~25 d。

甜叶菊种子的植物学特征：甜叶菊种子属瘦果，由冠毛、子实皮、种皮和胚 4 部分组成。成熟度好的种子（表 9-2），冠毛张开角度大，呈倒伞状形，果实纺锤形，种子细小，长 2.9~4.3 mm，宽 0.5~0.8 mm，千粒重为 3.9~0.42 g。果皮黑（棕）褐色，有 5~6 条凸状白褐色纵纹，两纵纹间有纵沟，果皮密生刺毛。果顶有浅褐色冠毛 20~22 条，冠毛皮上有锐刺。由于甜叶菊自花不孕，种子质量差异大，种子不实率高，不实率一般 25.3%~39.9%，成熟度77.9%~87%，发芽率65.6%~72.3%。甜叶菊种子果皮上棱线颜色、条数与种子成熟度的关系，以及种子的长度、宽度、冠毛的长度、冠毛的数量等，品种间存在差异，是否与成熟度、不同产地、不同年份有关系，有待研究。

表9-2　种子形态测定结果

时间	形状	长	宽	颜色	冠毛颜色	数目	千粒重(g)	成熟度(%)	不实率(%)
2016年	纺锤形	3.3~4.3	0.6~0.8	黑色	浅褐色	22	4.2	85.0	25.3
2017年	纺锤形	3.0~4.2	0.5~0.7	黑褐色	浅褐色	20	4.1	83.4	32.7
2018年	纺锤形	2.9~4.2	0.5~0.7	黑褐色	浅褐色	22	3.9	77.9	39.9
2019年	纺锤形	3.2~4.0	0.6~0.8	棕褐色	浅褐色	22	4.1	87.3	36.6

3. 甜叶菊授粉套袋

（1）材料与方法　为揭示甜叶菊是否存在自发自交现象，以及自交亲和性程度，设置了以下几个套袋处理实验：自交套袋，去除已开放花序，保留未开放者，直接套袋，开花期辅助人工授粉；人工异交授粉，将相邻两株父母本套袋，开花期每天10时与15时人工辅助授粉各1次；异交套袋，相邻两株父母本直接套袋，不进行辅助授粉；异交自然授粉，自然状态下父母本相邻种植。果实成熟后统计结实率。

（2）结果与分析　套袋试验结果（表9-3）发现，在人工辅助授粉自交套袋的情况下没有种子生成，表明不存在自发自交，甜叶菊自交不亲和，由于每个品种无性繁殖植株个体间的遗传背景完全一致，其品质内自交的亲和性几乎为零。作为母本和父本分别与其他株系人工杂交都获得了成熟饱满的种子，在不进行辅助授粉的自然状态下结实率较低，因此，在甜叶菊杂交制种过程中有必要进行人工辅助授粉，以提高制种产量。

表9-3 套袋试验结实率   单位:%

处理	I	II	III	平均	差异性
自交套袋	0.0	0.0	0.0	0.0	c
异交人工辅助授粉	82.0	69.0	76.0	75.7	a
异交套袋	7.0	11.0	3.0	7.0	c
异交自然授粉（ck）	23.0	41.0	38.0	34.0	b

（3）甜叶菊杂交种叶子的产量和品质表现　杂交种的总苷和RA苷含量都比普通品种有很大的提高，并且都接近父母本的含量（表9-4，表9-5）。结果表明，通过选育优良单株、繁育优良单株无性系、选配优良组合、短日照处理繁育杂交种、试验推广栽培这个方法不断地循环进行，可以在河西地区培育甜叶菊杂交种，不断提高品质，而且还可根据市场需求选配组合，培育甜叶菊新品种。杂交种栽培将会取代有性栽培的普通品种和无性栽培的品种，给甜叶菊种植者和加工企业创造很好的经济效益和市场价值。

表9-4 2018年母本和杂交杂交种的叶含苷量测试

	总苷	RA苷	RA苷/总苷	产量（kg/hm²）
父本	15.03	9.02	60.01	4 957.50
母本	11.66	6.73	57.72	4 897.50
杂交种	15.08	8.66	57.43	5 940.00
普通种子	14.30	6.38	44.62	5 340.00

表9-5 2019年母本和杂交杂交种的叶含苷量测试

	总苷	RA苷	RA苷/总苷	产量（kg/hm²）
父本	15.37	11.48	74.69	5 107.50
母本	14.61	9.21	63.04	4 932.00
杂交种	14.66	8.78	59.89	5 970.00
普通种子	14.42	6.53	45.28	5 520.00

（4）讨论与结论　甜叶菊既能有性繁殖又能无性繁殖，无性繁殖具有保持品种的纯度和优良品质的特性，自然情况下，通过有性繁殖结实率较低，影响生产用种的质量，河西地区常规品种制种多采用育苗移栽的方式种植。

甜叶菊属于短日照植物，对光照敏感性强，临界日照为 12 h，在低纬度地区栽培开花较早，在高纬度长日照地区栽培开花较迟，不能够收获种子。能否正确进行遮光处理，是制种成败的关键，通过连续 20 d 左右的黑暗遮光处理有助于甜叶菊提早开花，虽然外界昆虫对甜叶菊进行了授粉，完成了甜叶菊的异花授粉需求，但是还需采用人工辅助授粉，才能提高甜叶菊种子的结实率，提高种子产量和质量，为高纬度地区进行甜叶菊杂交制种奠定了基础。

套袋及隔离种植实验结果表明，甜菊为自交不亲和的异花授粉作物，群体的基因组成多属杂合型，遗传性不稳定给选种工作带来一定困难。甜叶菊遗传生理上自交不亲和，繁育系统以异交为主，自交可能性低。因此，在实际种子生产中选配不同的亲本组合进行异交制种。

通过选育优良单株、繁育优良单株无性系、选配优良组合、短日照处理繁育杂交种、试验推广栽培这个方法循环不断地进行，可以在河西地区培育出甜叶菊杂交种，不断提高品质。

第十章

甜叶菊未来发展和应用前景

甜菊糖苷作为一种天然的低热量、高甜度的甜味剂，已在食品、饮料产品中被广泛应用。目前，许多研究表明，甜菊糖苷不仅是一种天然非营养型甜味剂，而且在降血糖、抗肿瘤、抑菌等方面具有辅助作用。由于我国已获批准的含甜菊糖苷保健食品应用现状的研究较少，因此，需要大力发展甜菊糖苷在健康食品行业的应用研究。

随着我国人口老龄化加速、慢性非传染性疾病等带来的刚性需求，《国民营养计划（2017—2030年）》《"健康中国2030"规划纲要》等政策的发布，为我国的健康食品产业带来新的发展的机会。越来越多的保健食品应用而生，同时，在保健食品生产过程中，食品添加剂对提高保健食品的色、香、味、口感、品质以及安全性具有重要作用，甜味剂作为目前使用最广泛的食品添加剂之一，在保健食品生产过程中必不可少。甜叶菊的甜味剂后味长，没有热量和糖分，非常受大众的喜欢。

据国际甜菊糖苷协会统计，2016年全球推出了约3 000种含甜菊糖苷食品和低热量饮料，并被40亿人享用。最近，全球主要健康和营养学组织也相继发布了关于甜味剂的意见和建议，其中，包括甜菊糖苷是一种安全、可接受的选择，用于改善能量平衡和辅助控制体重。更为重要的是，近年来研究表明，甜菊糖苷不仅能够作为高质量的甜味剂替代无热量人工甜味剂或高热量蔗糖等，还具有多种生理功能，主要涉及降血糖、降血压、抑制肿瘤、抑菌、抗腹泻、改善学习和记忆障碍、增溶特性等。甜菊糖苷生物活性为其作为功能性成分应用在保健食品中提供了可能，早在1985年我国卫生部已批准甜菊糖苷在饮料、糕点和糖果中使用，而且按生产需要适量使用。

作为天然非营养型甜味剂，甜菊糖苷在食品和饮料产品中的应用发展迅速，但基于甜菊糖苷甜味质优化的甜叶菊品种筛选和改良研究仍待进一步开展。作为具有多种生理功能的生物活性成分，目前，甜菊糖苷在保健食品中的应用仍等同于食品和饮料行业，仅局限于部分替代糖醇类、葡萄糖、甜橙粉/香精、蔗糖等人工或高热量的甜味剂，却并未真正体现其对保健食品功能声称的贡献度。我国是世界上甜菊糖苷主要生产国，在中国健康食品产业迎来新的发展契机这一大背景下，开发高品质、高生物活性的甜菊糖苷生产工艺，并进一步扩大消费者认知度，将会加速甜菊糖苷类物质在健康食品行业中的应用前景。

随着科技的快速发展，人们的保健意识逐渐增强，对甜菊糖苷等甜味剂产品的需求也越来越高，应不断开发高端产品，满足人们对健康的需求。新型甜味剂甜菊糖苷系列产品已在多个国家广泛应用，且通过了甜菊糖苷系列产品的"公认安全"（GRAS）的决议，同时，我国食品国家安全国家标准也明确指出，甜菊糖苷可作为食品添加剂应用于食品中。据 Innova 数据报道，2014—2018 年，全球范围内使用甜菊糖苷新产品的发布量每年平均增长 13%左右。Mintel 数据报道，2018 年含甜菊糖苷产品的饮料新品数量增加了36%，食品新品数量增加了 27%。从上述报道可明显看出，近几年甜菊糖苷产品的开发及应用发展极为快速。市场给予的良好反馈将促进对甜菊糖苷产品的研发，甜菊糖苷作为新型甜味剂产品的前景会越来越好，市场也将会越来越广阔。

参考文献

陈连江，陈丽，2010. 我国甜菜产业现状及发展对策 ［J］. 中国糖料，32（4）：62-68.

陈育如，杨凤平，杨帆，等，2016. 甜叶菊及甜菊糖的多效功能与保健应用 ［J］. 南京师大学报（自然科学版），39（2）：56-60.

陈绍潘，卓仁松，1981. 光、温度、赤霉酸、激动素对甜菊种子萌发的效应 ［J］. 亚热带植物通讯（2）：27-31.

陈竞天，易斌，陈艾萌，等，2019. 苗期喷施水杨酸对甜叶菊主要农艺性状和糖苷含量的影响 ［J］. 西北植物学报，39（1）：149-155.

聪敏，2009. 植物生长调节剂 S-Y 对甜叶菊产量与品质的影响 ［D］. 青岛：青岛农业大学.

程晓紊，2017. 甜叶菊光合特性与糖苷含量动态变化分析及优良品系筛选 ［D］. 滁州：安徽科技学院.

董海涛，孙宏义，2015. NaCl 胁迫对甜叶菊移栽苗生理生态特性的影响 ［J］. 冰川冻土，37（2）：538-544.

樊慧敏，王庆江，程福厚，2015. 生草和覆盖对冀南地区梨园土壤微生物的影响 ［J］. 北方园艺（19）：164-166.

傅腾腾，朱建强，张淑贞，等，2011. 植物生长调节剂在作物上的应用研究进展 ［J］. 长江大学学报（自然科学版），8（10）：233-235.

郭志龙，马治华，张虹，等，2020. 不同甜叶菊品种叶中绿原酸类成分的比较研究 [J]. 广西植物，40（5）：696-705.

高宝军，2012. 内蒙古甜菜产业发展及对策研究 [D]. 北京：中国农业科学院研究生院.

郭金山，叶秀娟，2015. 中国甜菜种业回顾与可持续发展展望 [J]. 种子世界（11）：5-7.

高海利，王治江，罗光宏，等，2013. 河西走廊绿洲灌区甜叶菊立枯病的发病规律与防治 [J]. 长江蔬菜（2）：84-86.

黄苏珍，原海燕，杨永恒，等，2016. 高 RA 苷甜菊新品种'甜种 1 号'的选育 [J]. 中国糖料，38（6）：1-2.

黄苏珍，杨永恒，原海燕，等，2016b. 高总苷兼高 RA 苷甜菊新品种'中山 6 号'的选育 [J]. 中国糖料，38（5）：4-5.

黄苏珍，原海燕，杨永恒，等，2016c. 高 RA 苷甜菊新品种'甜种 1 号'的选育 [J]. 中国糖料，38（6）：1-2.

雷会霄，宋萍，张毅功，等，2010. 河北省果园苏云金芽孢杆菌菌株的分离鉴定 [J]. 华北农学报，25（4）：201-205.

韩玉林，黄苏珍，张坚勇，等，2002. 甜菊良种的单株选育 [J]. 植物资源与环境学报，11（1）：25-28.

韩秉进，朱向明，2016. 我国甜菜生产发展历程及现状分析 [J]. 土壤与作物，5（2）：91-95.

黄应森，郭爱桂，钱愉，等，1995. 甜菊含苷量的变异及 R-A 型良种的选育 [J]. 植物资源与环境，4（3）：28-32.

季芳芳，顾闽峰，郑佳秋，2012. 4 种盐胁迫对甜叶菊高 RA 品种江东 1 号种子萌发影响的比较研究 [J]. 江苏农业科学，40（12）：118-121.

舒世珍，1995. 甜菊优良品种选育研究 [J]. 中国农业科学，28（2）：37-42.

孙廷甲，钱晓雯，2017. 河西走廊甜叶菊早春霜冻危害的防控

[J]. 中国糖料, 39 (1): 74-75.

绳仁立, 原海燕, 黄苏珍, 2011. 混合盐碱胁迫对甜叶菊不同品种幼苗生长的影响 [J]. 江苏农业科学, 39 (6): 107-110.

时侠清, 许峰, 常明星, 2013. 甜菊种子的形态观察与品种比较 [J]. 种子, 32 (12): 67-69.

刘琼, 潘芸芸, 吴卫, 2018. 甜叶菊化学成分及药理活性研究进展 [J]. 天然产物研究与开发, 30 (6): 1 085-1 097.

唐国雄, 杨文婷, 侯婷婷, 等, 2012. 赤霉素对不同甜叶菊品系主要农艺性状、糖苷含量及产量的影响 [J]. 中国糖料 (1): 44-46.

李雨浓, 2015. 黑龙江省甜菜含糖率下降的原因及对策 [J]. 中国糖料, 37 (4): 68-70.

李雨浓, 2016. 黑龙江省甜菜生产走出困境的关键问题 [J]. 中国甜菜糖业 (3): 50-52.

刘升廷, 张立明, 蔡惠珍, 2016. 甜菜育种动向与展望 [J]. 中国糖料, 38 (4): 56-61.

祁勇, 2006. 黑龙江省甜菜产业发展研究 [D]. 北京: 中国农业科学院研究生院.

李满红, 2016. 依靠科技创新 助推糖业发展 "十三五" 时期内蒙古甜菜糖业步入健康发展快车道 [J]. 中国糖料, 38 (5): 69-72.

马汇泉, 靳学慧, 郑树生, 等, 1996. 甜叶菊立枯病发生规律及防治方法的研究 [J]. 植保技术与推广 (1): 26.

苗正雨, 丁慧军, 吕伯林, 2015. 甜叶菊主要病虫害发生概况及防治技术 [J]. 上海农业科技 (2): 118, 120.

马婷婷, 2015. 叶面喷施钛对甜叶菊氮磷钾吸收及糖苷积累量的影响 [D]. 合肥: 安徽农业大学.

吕磊, 2018. 甜叶菊重要农艺性状关联分析 [D]. 滁州: 安徽科技学院.

潘智, 杨枝煌, 2014. 中国甜菜糖业现状及其应对 [J]. 中国糖料, 36 (1): 68-73.

齐艳春, 2008. 甜叶菊斑枯病生物防治拮抗菌株的筛选 [J]. 中国农学通报, 24 (11): 65-68.

宋耀远, 2007. 甜叶菊营养特点及施肥技术 [J]. 现代化农业 (10): 10-11.

唐桃霞, 王致和, 张秀华, 等, 2019. 不同品种 (系) 甜叶菊产量光合生理和糖苷含量的相关性分析 [J]. 安徽农业科学, 47 (21): 53-57.

王裙, 李霞, 张红梅, 等, 2017. 甜叶菊高产栽培及生理特性研究进展 [J]. 中国糖料, 9 (2): 62-64.

魏良民, 2015. 新疆甜菜生产情况及提高含糖措施分析 [J]. 中国甜菜糖业 (2): 21-24.

王文平, 罗光宏, 陈叶, 2014. 河西走廊甜叶菊田病虫害调查初报 [J]. 中国糖料 (4): 67-69.

万会达, 李丹, 夏咏梅, 2015. 甜菊糖苷类物质的功能性研究进展 [J]. 食品科学, 36 (17): 264-269.

吴则东, 张文彬, 吴玉梅, 等, 2016. 世界甜叶菊发展概况 [J]. 中国糖料, 38 (4): 62-65.

袁鎏柳, 罗庆云, 陈思锐, 等, 2018. 聚药雄蕊植物甜叶菊花部特征与繁育特性初步研究 [J]. 中国糖料, 40 (3): 1-6.

杨永恒, 侯孟兰, 原海燕, 等, 2018. 甜菊自交胚挽救及其自交 S_1 代的主要性状分析 [J]. 植物资源与环境学报, 27 (4): 81-89.

杨永恒, 黄苏珍, 佟海英, 2012. 甜菊不同杂交组合结实率及其 F_1 代萌发和生长及对 NaCl 耐性的比较 [J]. 植物资源与环境学报, 21 (2): 73-78.

杨文琴, 殷学云, 2017. 河西走廊甜菊常发病虫害综合防治技

术 [J]. 中国糖料, 39 (3): 40-42.

杨枝煌, 李斐, 杨春艳, 2014. 中国甜菜糖业的绩效表现及其综合治理 [J]. 农业经济与管理 (1): 88-96.

李燕, 孙玲, 方明慧, 2019. 赤霉素处理对甜叶菊扦插苗生根的影响初探 [J]. 南方农业, 13 (14): 117-119.

殷学云, 2011. 河西冷凉灌区甜叶菊扦插育苗及根蘖繁殖技术 [J]. 中国糖料 (1): 52-54.

羽凡, 2014. 中国糖业现状 [J]. 福建轻纺 (2): 21-23.

原海燕, 绳仁立, 黄苏珍, 2011. 甜叶菊不同品种对盐胁迫的生理响应 [J]. 江苏农业科学 (1): 106-109.

闫振领, 2005-12-14. 植物生长调节剂在瓜类作物上的应用方法: CN1706250 [P].

刘焕霞, 李蔚农, 2003. 谈发达国家的甜菜生产经验及新疆的甜菜生产现状与建议 [J]. 中国糖料, 25 (4): 51-54.

赵国辉, 王远斌, 李满红, 2016. 甜菜现代化配套种植技术示范及推广 [J]. 中国糖料, 38 (5): 55-57.

赵永平, 2014. 灌溉和施氮对甜叶菊光合特性和产量品质的调控 [D]. 兰州: 甘肃农业大学.

周文海, 2009. 科学发展观视阈下的甜菜糖业发展的思考 [J]. 中国糖料 (3): 79-82.

张文彬, 倪洪涛, 黄彩云, 2000. 关于甜菜糖业发展的思考 [J]. 中国糖料, 22 (1): 44-46.

曾小燕, 2011. 栽培措施对甜菊品质影响的研究 [D]. 福州: 福建农林大学.

佚名, 2016-11-16. 2016 年我国各产区糖料种植情况及 2016/2017 榨季产量预计 [EB/OL]. https://www.ishuo.cn/doc/urwomiqf.html.

张冰, 2010. 新疆甜菜产业发展研究 [D]. 北京: 中国农业科学院研究生院.

张子学, 杨久峰, 檀赞芳, 2008. 植物生长调节剂对甜叶菊增殖和生根的影响 [J]. 中国林副特产 (2): 13-15.

VALIO F M I, ROCHA F R, 陈绍潘, 1978. 光照及生长调节剂对甜菊生长和开花的影响 [J]. 亚热带植物通讯 (1): 47-53.

CEUNEN S, GEUNS J M C, 2013. Spatio-temporal variation of the diterpene steviol in Stevia rebaudiana grown under different-photoperiods [J]. Phytochemistry, 89 (1): 32-38.

GEUNS J M, 2003. Stevioside [J]. Phytochemistry, 64 (5): 913-921.

SUEZ J, KOREM T, ZEEVI D, et al., 2014. Artificial sweeteners induceglucose intolerance by altering the gut microbiota [J]. Nature, 514: 181-186.

KIM J Y, PARK K H, KIM J, et al., 2015. Modified high-Density lipopro-teins by Artificial sweetener, aspartame, and saccharin, showed loss of anti-atherosclerotic activity and toxicity in Zebrafish [J]. Cardiovascular Toxicology, 15 (1): 79-89.

SINGH G, SINGH G, SINGH P, et al., 2017. Molecular dissec-tion oftranscriptional reprogramming of steviol glycosides synthesis in leaftissue during developmental phase transitions in Stevia re-baudiana Bert [J]. Scientific Reports, 7 (1): 11 835.

YANG Y, HUANG S, HAN Y, et al., 2015. Environmental cues inducechanges of steviol glycosides contents and transcription of corresponding biosynthetic genes in Stevia rebaudiana [J]. Plant Physiology and Biochemistry, 86 (86C): 174-180.

甜叶菊新品种田间试验记录

一、试验概况

（一）参试品种情况（附表 1-1）

附表 1-1　参试品种情况

编号	参试品种	供种单位	供试材料	播种育苗时期	收到试验材料日期	备注
1						
2						
3						
4						
5						
6						

（二）试验实施及管理情况

1. 试验田基本情况

（1）土壤质地　　　　　　　（2）土壤肥力

（3）前作作物　　　　　　　（4）耕整情况

2. 试验栽培农艺措施记载

（1）基肥施用　施用日期，肥料名称，施用量

（2）排列方式重复次数

（3）小区面积（m²）　行株距（cm×cm）

（4）摘心处理

（5）水分管理　浇灌水来源、浇灌方法及用水量

（6）追肥（日期及肥料名称、数量）

时间（月/日）　　　　肥料品种　　　施用方法

（7）除草松土

（8）病虫草害防治（日期、农药名称或措施及防治对象）

（9）其他田间管理措施

（10）试验期间特殊气候概况和特殊气候因素对试验的影响

二、试验结果记录

（一）参试品种移栽定植时相关情况记录（附表 1-2）

附表 1-2　参试品种移栽定植情况

编号	定植日期月/日	苗龄（对叶）	根系（条）	最长（cm）	肉质根（条）	最长（cm）	株高（cm）
1							
2							
3							
4							
5							

（二）株高调查记载

分别在封行和采收前进行调查，并记录调查时间。每小区随机取 10 株，测量地上部高度取平均数（附表 1-3）。

附表 1-3　品种株高汇总　　　　　单位：cm

参试品种	旺盛生长期			采收前			平均数
	重复1	重复2	重复3	重复1	重复2	重复3	

注：调查系数 10，总平均数取初蕾期和采收前被调查总单株平均数。

（三）植株分枝情况记载

分别在初蕾期和采收前进行调查，并记录时间。每小区随机取 10 株，统计并计算取平均数（附表 1-4）。

附表 1-4　植株茎主枝分枝数　　　　单位：枝/株

调查日期（月/日） 参试品种	旺盛生长期			采收前			总平均数
	重复1	重复2	重复3	重复1	重复2	重复3	

注：调查系数 10，总平均数取初蕾期和采收前被调查总单株平均数。

（四）株形及植株倒伏情况记载

分别在 6 月中下旬或采收前进行调查，并记录时间。每小区随机取 $3 \times 1 \ m^2$，统计并计算取平均数（附表 1-5）。

附表 1-5　株形及植株倒伏情况记录

倒伏情况　参试品种	株形						植株抗倒伏程度				
	株形	重复 1	重复 2	重复 3	株数	%	倒伏株数	%	强	中	差

注：每小区随机取 3×1 m²，统计并计算取平均数和百分比。植株地上部（株高）上 1/3 处植株胸径（cm）与植株最大处胸径（cm）比≤0.7 的为塔形株形，>0.8 的为柱形株形；植株倒伏<5%为植株抗倒伏强，>30%为差，之间为中。

（五）叶片大小及叶形调查

在收前进行调查，并记录时间。每小区随机取 10 株（附表 1-6）。

附表 1-6　叶片情况记录

叶面积　参试品种	叶面积统计				叶形统计			
	重复 1	重复 2	重复 3	平均	叶形	株数	%	品种叶形

注：调查系数 10。每重复面积＝每重复小区被调查植株平均数长×平均数宽×0.8；叶形以被调查总单株中各单株叶片平均长宽最高比例株数的叶形记载。

叶片大小调查及记载要求：随机选取各植株中部主茎 5 对叶片计算平均数。叶尖处至叶片基部为叶长，叶片最宽处为宽度，叶面积以长×宽×0.8 记载。

叶形调查及记载要求：宽/长<1/5 为细柳叶形，宽/长为 1/5～1/3 为柳叶形，宽/长>1/3 为宽柳叶形。以某品种某种叶形统计数最多比例的确定为该品种叶形。

（六）叶色记载

从定植后 40 d 开始，每 20 d 调查 1 次。采用目测相对比较方法记载甜叶菊叶片颜色，每重复试验区以 80% 以上植株成年叶片的主体叶色记为此阶段叶片叶色。甜叶菊叶色总体可分为 3 类，即深绿色、绿色和淡绿色（附表 1-7）。

附表 1-7　叶色情况记录

参试品种/小区		调查日期 1	调查日期 2	叶色总体评价			
				深绿（%）	绿色（%）	淡绿（%）	品种叶色

注：每重复分别随机选取 $3\times1\ cm^2$ 统计计算分次调查百分比（%）；品种叶色以综合统计计算最高百分比为该记录叶色。

（七）品种纯度记载

在 6 月中下旬一次性调查，统计品种纯度（附表 1-8）。每重复随机顺序取 100 株，分别统计杂苗数，并计算品种纯度（杂苗数/被调查总苗数×%）。

附表1-8　品种纯度记录

调查内容 参试品种/小区		总苗数 （株）	杂苗数 （株）	杂苗率 （%）	平均 （%）	品种纯度		
						纯	较纯	不纯

注：杂苗率＝杂苗数/总苗数×%；杂苗率≤1%为纯，杂苗率≤5%为较纯，杂苗率>5%为不纯。

（八）抗逆性调查记载（附表1-9）

附表1-9　抗逆性调查记录

调查内容 参试品种/小区		耐寒性			耐热性			耐旱性			耐涝性			病害发生程度			虫害发生程度		
		强	中	差	强	中	差	强	中	差	强	中	差	重	中	轻	重	中	轻

注：记载方式在相应栏中画√。

耐寒性调查：其本地区不加任何保护措施宿根种源露地越冬情况；

耐热性、耐旱性调查：本地区夏季（6—8月）生长情况；

耐涝性调查：本地区多雨（梅雨）季节生长情况；

病害和虫害发生需调查：观察全生长期（从定植到收获前）发病情况，并及时记录。

不同调查项目的具体情况调查记录，可根据发生的时间、具体内容、病害种类、发病程度以及采取的措施等分别记载（可另附页）。

耐寒性分级划分：春季露地保存的宿根种源有 90% 以上植株正常萌发的为耐寒性强，只 30% 以下萌发的为差，之间为中。

耐热性或耐旱性分级划分：70% 以上植株表现缺水或生长不良为耐热性或耐旱性差，只有 20% 以下植株表现缺水或生长不良为强，20%~70% 为中度。（统计依据参考叶色取样调查方法）。

耐涝性分级划分：70% 以上植株表现生长不良为耐涝性差，只有 20% 以下植株表生生长不为强，20%~70% 为中度。（统计依据参考叶色取样调查方法）。

病害和虫害程度分级划分：发病植株占被调查植株 50% 以上为重度，10% 以下为轻度，10%~50% 为中度。

（九）花期调查记载

试验小区植株最早观察到花蕾（现蕾）的时期为始蕾期；10% 植株现蕾时为初蕾期；40% 以上植株现蕾时为现蕾期；10% 植株开花时为初花期，可在相应的保护行内观察（附表 1-10）。

附表 1-10　花期调查

调查内容　　　参试品种/小区		始蕾期（月/日）	初蕾期（月/日）	现蕾期（月/日）	初花期（月/日）	适宜采收期（月/日）

注：适宜采收期以始蕾期到初蕾期的时间区段记载。

（十）采收期、产量及品质调查

当小区内分别在始蕾期进行采收，即为采收期，及时晾晒计算产量，同时，分别取干叶样品。每小区单独采收，晒干后（含水量10%以下）分别秤重，计算每小区及每亩干叶重。并在每小区干叶中随机取100 g样品封存待检，其余分别包装（附表1-11）。

附表1-11　采收期、产量及品质调查

调查内容 参试品种/小区	采收期（月/日）	产量（kg/m²）	平均产量（kg/亩）	品种品质检测结果（%）				
				总苷	R-A苷	C苷	A苷	S-X苷

甜叶菊性状观测

1. 观测时期

性状观测应按照附表2-1和附表2-2列出的生育阶段进行。附录B对这些生育阶段进行了解释。

2. 观测方法

性状观测应按照附表2-1规定的观测方法（VG、VS、MG、MS）进行。部分性状观测方法见附表2-3。

3. 性状表的解释

对性状表中的观测时期、部分性状观测方法进行了补充解释。

4. 甜叶菊分组性状

品种分组性状如下。

植株：株高（附表2-1中性状3）；

叶：叶形（附表2-1中性状6）；

茎：花青苷显色（附表2-1中性状9）；

植株：株型（附表2-1中性状14）。

附表2-1　甜叶菊基本性状

序号	性状	观测时期和方法	表达状态	标准品种	代码	日本指南序号
1	萌芽时间 QN (+)	0 VG	早 中 晚		3 5 7	25

（续表）

序号	性状	观测时期和方法	表达状态	标准品种	代码	日本指南序号
2	萌芽数目 QN	0 MS	少		3	26
			中		5	
			多		7	
3	植株：高度 QN （+）	3 MG	矮	蚌埠干校 高 ST	3	2
			中		5	
			高	守田 3 号	7	
4	叶：长度 QN （a） （+）	2 MS	短		3	
			中		5	
			长		7	
5	叶：宽度 QN （a） （+）	2 MS	窄		3	
			中		5	
			宽		7	
6	叶：形状 PQ （a） （+）	2 VG	披针形	守田 3 号	1	9
			椭圆形		2	
			菱形	蚌埠干校 高 ST	3	
7	叶：绿色程度 QN （a） （+）	2 VG	极浅	中山 5 号	1	12
			浅		3	
			中	守田 3 号	5	
			深		7	
			极深		9	
8	叶：叶缘锯齿 QN （a） （+）	5 VS	极浅		1	13
			浅	守田 3 号	3	
			中		5	
			深	中山 5 号	7	
			极深		9	

（续表）

序号	性状	观测时期和方法	表达状态	标准品种	代码	日本指南序号
9	茎：花青苷显色 QL	2 VS	无	中山5号	1	6
			有	蚌埠干校高ST	9	
10	茎：茸毛密度 QN （b）	3 VS	疏	守田3号	3	7
			中	蚌埠干校高ST	5	
			密		7	
11	主茎：节数量 QN	6 MS	少	中山5号	3	8
			中		5	
			多		7	
12	茎：直径 QN （b）	6 MS	细		3	5
			中	守田3号	5	
			粗		7	
13	植株：一次 分枝数量 QN （+）	5 VS	少		3	3
			中	蚌埠干校高ST	5	
			多		7	
14	植株：株型 PQ （+）	2 VG	Ⅰ	蚌埠干校高ST	1	1
			Ⅱ		2	
			Ⅲ		3	
			Ⅳ	中山5号	4	
			Ⅴ		5	
15	现蕾期 QN （+）	3 MG	早		3	23
			中		5	
			晚	守田3号	7	
16	始花期 QN	4 MG	早		3	24
			中		5	
			晚		7	

（续表）

序号	性状	观测时期和方法	表达状态	标准品种	代码	日本指南序号
17	种子：颜色 PQ	6 VS	浅褐色		1	19
			中等褐色		2	
			深褐色		3	
18	种子：形状 PQ	6 VS	短纺锤		1	20
			纺锤		2	
			长纺锤		3	
19	千粒重	6 MG	低		3	21
			中		5	
			高		7	
20	植株：宿根 越冬性 QN （+）	7 MG	弱		3	31
			中		5	
			强		7	
21	总苷含量 QN （+）	3 MG	极低		1	50
			低		3	
			中		5	
			高		7	
			极高	中山 5 号	9	
22	St 含量 QN （+）	3 MG	极低		1	51
			低		3	
			中		5	
			高		7	
			极高		9	
23	RA 含量 QN （+）	3 MG	极低		1	52
			低		3	
			中		5	
			高		7	
			极高		9	

(续表)

序号	性状	观测时期和方法	表达状态	标准品种	代码	日本指南序号
24	干叶产量 QN (+)	3 MG	低 中 高		3 5 7	55

附表 2-2　甜叶菊选测性状

序号	性状	观测时期和方法	表达状态	标准品种	代码	日本指南序号
1	子叶：形状 PQ	VS	长椭圆 椭圆 圆		1 2 3	4
2	花：颜色 PQ	5 VS	白色 浅红色 紫红色		1 2 3	17
3	植株：再生能力 QN (+)	2 VS	弱 中 强		3 5 7	27
4	种子：发芽时间 QN (+)	VS	早 中 晚		3 5 7	29
5	抗性：倒伏 QN (+)	2-5 VG	弱 中 强		3 5 7	35
6	抗性：叶斑病 QN (+)	2-5 VG	弱 中 强		3 5 7	43
7	抗性：茎腐病 QN (+)	2-5 VG	弱 中 强		3 5 7	45

（续表）

序号	性状	观测时期和方法	表达状态	标准品种	代码	日本指南序号
8	抗性：苜蓿夜蛾 QN （+）	2-5 VG	弱 中 强		3 5 7	49
9	抗性：耐寒性 QN （+）	2-5 VG	弱 中 强		3 5 7	32
10	抗性：耐涝性 QN （+）	2-5 VG	弱 中 强		3 5 7	33
11	有效产量 （叶/茎） QN	3 MS	低 中 高		3 5 7	15
12	R-C 含量 QN （+）	3 MG	低 中 高		3 5 7	
13	R-D 含量 QN （+）	3 MG	低 中 高		3 5 7	
14	R-E 含量 QN （+）	3 MG	低 中 高		3 5 7	
15	R-B 含量 QN （+）	3 MG	低 中 高		3 5 7	

附表 2-3　甜叶菊生育阶段

序号	名称	描述
0	萌芽期	从已经休眠了的根茎上萌发出新的嫩芽
1	苗期	扦插后 30~40 d
2	营养生长期	移栽大田后到 5%植株现蕾
3	初蕾期	5%植株主茎顶端现蕾
4	始花期	50%植株主茎顶端现蕾到 30%植株主茎顶端开花
5	盛花期	70%植株主茎顶端开花到 20%植株主茎顶端谢花
6	结实期	开花后大约 30 d
7	休眠期	地上部分枯死，宿根越冬

涉及多个性状的解释时，首先，应观察植株中部典型的成熟的叶片；其次，应对植株主茎中间部位进行观测。

5. 涉及单个性状的解释

性状 1　萌芽时间

以肉眼可见芽眼萌发为准（附图 2-1）。

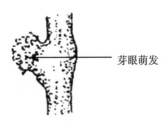

芽眼萌发

附图 2-1　芽眼萌发

性状 3　植株：高度

测量地上部分，从地面到主茎顶端的长度。

性状 4　叶：长度，附图 2-2。

性状 5 叶：宽度，附图 2-2。

附图 2-2 叶：长度，宽度。

性状 6 叶：形状，附图 2-3。

披针形   椭圆   菱形

附图 2-3 叶：形状

性状 7 叶：绿色程度，附图 2-4。

极浅   浅   中   深   极深

附图 2-4 叶：颜色

性状 8 叶：叶缘锯齿，附图 2-5。

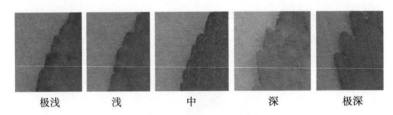

| 极浅 | 浅 | 中 | 深 | 极深 |

附图 2-5 叶：叶缘锯齿

性状 13 植株：一次分枝数量。统计植株 3 cm 以上的所有分枝的总和。

性状 14 植株株型：附图 2-6。

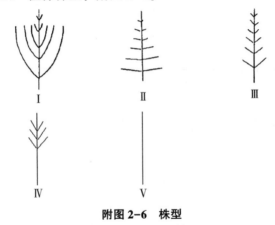

附图 2-6 株型

性状 15 现蕾期，附图 2-7。

附图 2-7 花蕾

性状 16　抗性：倒伏，附图 2-8。

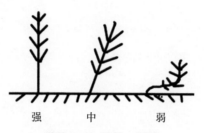

强　　中　　弱

附图 2-8　抗性：倒伏